ニュートン超図解新書

最強に面白い

超ひも理論

はじめに

「身のまわりの物質はすべて，極めて小さな『ひも』が集まってできている」。これが，物理学の最先端の理論である，「超ひも理論」の考え方です。

物質をどんどん細かく分割していき，最後にたどりつくと考えられる究極に小さい粒子を，「素粒子」といいます。素粒子を直接目にした人はおらず，素粒子がどのような姿かたちをしているのかは不明です。超ひも理論とは，この素粒子が極小のひもだと考える理論なのです。

超ひも理論によると，実はこの世界は，縦・横・高さの「3次元空間」ではなく，「9次元空間」だといいま

す。さらに，私たちが暮らす宇宙とは別に，無数の宇宙が存在する可能性があるといいます。超ひも理論は，にわかには信じがたい，SFのような世界を予言しているのです。本書では，「超ひも理論」の不思議な考え方を，"最強に"面白く紹介します。どうぞお楽しみください！

ニュートン超図解新書

最強に面白い

超ひも理論

第4章
超ひも理論と究極の理論

【本書の主な登場人物】

朝永振一郎

（1906 ～ 1979）

日本の物理学者。日本人で2番目のノーベル賞を受賞。素粒子物理学の研究に大きな業績を残した。

中学生

シロクマ

第1章

すべては「ひも」でできている！

超ひも理論とは，自然界の“最小部品”が「ひも」だと考える理論です。超ひも理論によると，この世界のあらゆるものは，ひもが集まってできていることになります。第1章では，超ひも理論とはいったいどういう理論なのかをやさしく紹介します。

超ひも理論は「あらゆるものは, ひもでできている」とする理論

世界は何でできている?

私たちの身のまわりにある物質をどんどん細かく分割していくと, 何にたどりつくでしょうか? 中学校の理科では, あらゆる物質は小さな粒子, 「原子」でできていると習うことでしょう。それでは, 原子をさらに細かく分割してたどり着く, 自然界の"最小部品"は, いったいどういった形をしているのでしょうか?

素粒子を「ひも」だと考える

自然界をつくりだす"最小部品"を, 「素粒子」といいます。この素粒子を細長い「ひも」だと考える理論こそ, 「超ひも理論(超弦理論)」です。超ひも理論では, 人間の体も, テレビのような

1 ひもは自然界の最小部品

超ひも理論では，人体はもちろん，この世界のすべてのものは，小さな「ひも」が集まってできていると考えられています。

人工物も，太陽のような天体も，ありとあらゆるものは，無数のひもの集まりだと考えます。そして，自然界のありとあらゆる現象は，無数のひもがぶつかったり，くっついたりしながら，くりひろげられていることになります。

超ひも理論は，この世界の根本原理にせまる理論だといわれています。しかし，いまだ完成しておらず，数多くの物理学者が今まさに研究を進めています。

超ひも理論によると，原子よりも小さな「ひも」で，世界はできていると考えられているんだクマ。

2 物質を拡大していくと，「素粒子」にいきつく

原子は「電子」「陽子」「中性子」でできている

こからはまず，素粒子についてくわしく見ていきましょう。

身のまわりのありとあらゆる物質は，水素や炭素などの「原子」でできています（19ページのイラスト）。そして原子は，「原子核」と「電子」からできています。このうち原子核は，「陽子」と「中性子」が集まってできています（水素原子の原子核は陽子のみです）。

自然界の最小部品を，「素粒子」という

さらに，陽子と中性子を細かく見てみましょう。すると，「アップクォーク」と「ダウンクォーク」という粒子からできていることがわかります。現在のところ，アップクォークとダウンクォーク，そして電子は，「これ以上細かく分割することができない」と考えられています。つまり，これらは，物質の"最小部品"といえます。

このような「これ以上細かく分割できないもの」を「素粒子」といいます。

身のまわりのありとあらゆる物質は，周期表にあるおよそ100種類ほどの原子でできています。そしてどの原子も，「電子」と2種類のクォーク，すなわち「アップクォーク」と「ダウンクォーク」でできているのです。

2 原子は素粒子でできている

自然界の物質を構成するすべての原子は,「電子」と「クォーク」という素粒子でできています。原子をつくるクォークには,「アップクォーク」と「ダウンクォーク」の2種類があります。

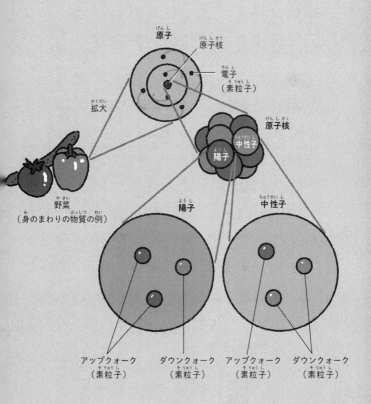

原子

原子核

電子
（素粒子）

拡大

原子核

中性子

陽子

野菜
（身のまわりの物質の例）

陽子

中性子

アップクォーク
（素粒子）

ダウンクォーク
（素粒子）

アップクォーク
（素粒子）

ダウンクォーク
（素粒子）

発見されている素粒子は，17種類ある

素粒子は，三つのグループに分けられる

これまでにみつかっている素粒子は，全部で17種類あります。これらの素粒子は，三つのグループに分けられます。「物質を構成する素粒子の仲間」「力を伝える素粒子の仲間」「万物に質量をあたえる素粒子」です（右のイラスト）。

まず「物質を構成する素粒子の仲間」には，原子をつくる「アップクォーク」「ダウンクォーク」「電子」が含まれます（17〜19ページ）。さらにこの3種類の素粒子の仲間である「クォークの仲間」と「電子・ニュートリノの仲間」が，このグループに含まれます。

3 17種類の素粒子

素粒子は,大きく分けて「物質を構成する素粒子の仲間」「力を伝える素粒子の仲間」「万物に質量をあたえる素粒子」の三つがあります。現在,17種類の素粒子がみつかっています。

物質を構成する素粒子の仲間

力を伝える素粒子の仲間

クォークの仲間

| アップクォーク（原子の構成要素） | チャームクォーク | トップクォーク |
| ダウンクォーク（原子の構成要素） | ストレンジクォーク | ボトムクォーク |

光子（光の素粒子）

W粒子

電子・ニュートリノの仲間

| 電子ニュートリノ | ミューニュートリノ | タウニュートリノ |
| 電子（原子の構成要素） | ミュー粒子（ミューオン） | タウ粒子 |

Z粒子

グルーオン

万物に質量をあたえる素粒子

ヒッグス粒子

21

素粒子の数は
今後ふえる可能性がある

　「力を伝える素粒子の仲間」は，その名の通り，電磁気力などの力を伝える素粒子です（くわしくは30〜31ページ）。現在，力を伝える素粒子の仲間は，4種類がみつかっています。

　最後に，「万物に質量をあたえる素粒子」とされるのが，ヒッグス粒子です。くわしい説明はしませんが，電子などの素粒子が質量をもっているのは，このヒッグス粒子のおかげだと考えられています。

　未発見の素粒子の存在も予言されていて，今後17種類からふえる可能性があります。

4 素粒子の正体は，「ひも」だった!?

素粒子は，大きさのない点と考えられてきた

　これまでは，素粒子を「大きさのない点」と考えるのが一般的でした。**しかし，超ひも理論では，素粒子の正体を「長さをもつひも（弦）」だと考えます。** 私たちの体も，石や水などの物質も，さらには光ですらも，すべてひもでできているといいます。

「超ひも理論」は一般向けに広く浸透したよび方なんだクマ。研究者の間では「超弦理論」というよび方が一般的だクマ（たんに弦理論とよぶこともあります）。

ひもの素材は考えようがない

　日常の世界では，ビニール製やゴム製，布製
など，さまざまな素材のひもがあります。超ひ
も理論のひもは，いったい何でできているのでし
ょうか。

　たとえば，ダイヤモンドは，どんどん細かく分
けていくと炭素原子に行き着きます。したがっ
て，ダイヤモンドの素材は，炭素原子だといえま
す。そして，炭素原子の素材は，陽子や中性子，
電子だといえます。

　**ところが，それ以上分割できない素粒子につ
いては，素材を考えようがありません。**「ひも＝
素粒子」ですから，ひもの素材は考えようがない
のです。

4 拡大するとひもがあらわれる

手は原子でできています。そして、原子は原子核と電子でできています。電子は素粒子の一つで、超ひも理論では、ひもでできていると考えます。原子核の陽子を拡大するとクォークという素粒子があり、やはりひもでできていると考えられます。

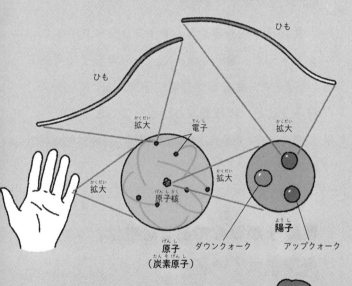

ひも

ひも

拡大 電子 拡大

拡大 原子核 拡大

原子
（炭素原子） ダウンクォーク アップクォーク

陽子

素粒子はそれ以上分割できないから、素材を考えることができないんだね。

ひもの振動のちがいが，素粒子のちがいを生む

超ひも理論のひもは，1種類のみ

素粒子は現在までに，アップクォークやダウンクォーク，電子のほかに，光の素粒子である「光子」や，質量を生む素粒子である「ヒッグス粒子」など，17種類がみつかっています（20～22ページ）。しかし，超ひも理論のひもは1種類のみです

素粒子がひもである証拠は，みつかっていない

ひもは振動しており，その振動のしかたなどによって，ちがう種類の素粒子にみえるのだと考えられています。バイオリンの弦が振動のしかたのちがいによってさまざまな音を出すように，た

5 振動のしかたで性質がかわる

分子や原子を拡大すると，電子やクォークなどの素粒子があらわれます。その素粒子は，ひもの振動のしかたによって性質が決まると考えられています。

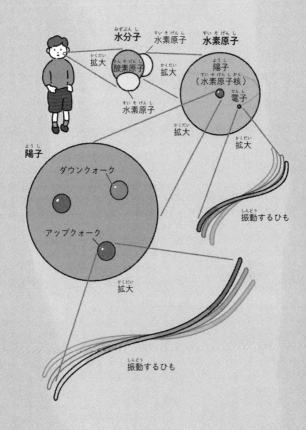

水分子
水素原子
水素原子
拡大
酸素原子
拡大
水素原子
陽子
（水素原子核）
電子
拡大
拡大
陽子
ダウンクォーク
アップクォーク
拡大
振動するひも
振動するひも

27

った1種類のひもが，振動のしかたによって世界を構成するさまざまな素粒子にみえるというわけです。

ただし，素粒子がひもでできているという証拠は，みつかっていません。超ひも理論が正しい理論であるという確認が，まだとれていないのです。超ひも理論は，既存の物理学のさまざまな問題を解決できる可能性を秘めた理論であることから，さかんに研究が行われています。

超ひも理論の「ひも」と，弦楽器の「弦」は似ているのです。

memo

力を伝える素粒子って何？

博士，20 ～ 22ページに登場した「力を伝える素粒子」っていうのがよくわかりません。

現在の物理学では，力はすべて，力を伝える素粒子のやりとりによってはたらくと考えられておる。

素粒子をやりとり？

例えば磁石では，N極とS極から，電磁気力を伝える素粒子である光子が常に出入りしておるんじゃ。N極やS極から放出された光子が別の磁石のN極やS極に吸収されると，磁石の間にはたらく力になる。野球のキャッチボールのようなイメージじゃ。

それじゃあ，地球と僕らの間にはたらく重

力も，素粒子のやりとりではたらいているん

ですか？

「重力子」という素粒子をやりとりして，重

力 が伝えられると考えられておる。じゃが

「重力子」は未発見なんじゃ。

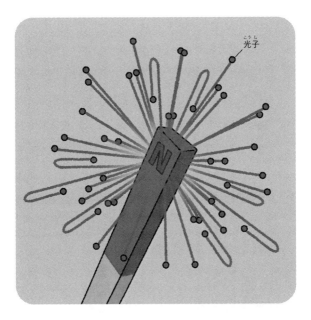

光子

働かない男性は，なぜ「ヒモ」？

　自分では働かず，住む場所や食事など，生活いっさいを女性に頼りきり，遊ぶ金を貢がせる男性のことを，「ヒモ」とよびます。このように，女性に貢がせる男性をヒモとよぶのは，いったいなぜでしょうか。

　ヒモの語源にはいくつか説があります。その一つは，海にもぐった海女が，自分の腰に結んだひもを引いて，船の上で待っている男性に合図をすることに由来するというものです。船の上で，ひもの合図を待っているだけの男性のようすから，養ってもらう男性をヒモというようになったようです。またほかにも，猿回しがひもを使って猿に芸をさせるように，見えないひもで男性が女性を裏からあやつっているから，という説もあります。いずれにしても，働かない男性をヒモというのは，細長いひも

（紐）からきているようです。

　一方，ヒモを養う女性のことを「ヒモつき」といいます。男女が婚姻関係にある場合は，一般にはヒモやヒモつきとはよばないようです。

第2章

ひもの正体に

せまろう！

ひもは，どれくらいの大きさで，どのような性質をもっているのでしょうか。第2章では，ひもの正体にせまるとともに，超ひも理論の歴史を紹介します。

ひもの長さは、10⁻³⁴メートル

ひもに太さはない

ここからは、超ひも理論の主役である「ひも」についてくわしく見ていきましょう。まず、ひもの長さと太さはどの程度でしょうか。

原子の直径は、1ミリメートルの約1000万分の1（10^{-10}メートル）、原子核（陽子）の直径は、1ミリメートルの約1兆分の1（10^{-15}メートル）です。そして、超ひも理論のひもの長さは、理論的には1ミリメートルの100億分の1の、100億分の1の、さらに1000億分の1（10^{-34}メートル）ほどしかないと考えられています。現在の技術では観測できないほど小さいのです。また、ひもに太さはないと考えられています。この本ではイラスト表現の都合上、太さがあるようにえがいていますが、実際は太さがありません。

原子が銀河サイズなら，
ひもはアリのサイズ！

　いま，1個の原子を，私たちが住む銀河の大きさに拡大したとしましょう。すると，中心にある原子核は太陽系の果て（「オールトの雲」といいます）くらいの大きさになります。そして，このスケールでも，ひもの長さはアリの大きさ程度しかありません。

ひもはとても小さいので，どんな顕微鏡でも見ることはできません。実験でその大きさを確かめることは，現時点の科学技術ではむずかしいです。

1 ひもの大きさは？

銀河の大きさに対するアリの大きさが，原子に対するひもの大きさと同じくらいです。ひもは，想像を絶するほど小さいのです。

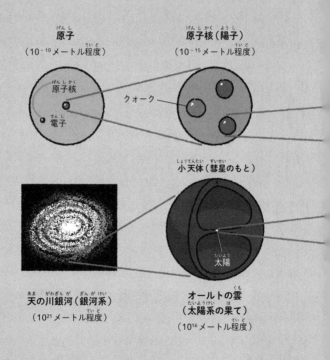

原子
（10⁻¹⁰メートル程度）

原子核

電子

原子核（陽子）
（10⁻¹⁵メートル程度）

クォーク

小天体（彗星のもと）

太陽

天の川銀河（銀河系）
（10²¹メートル程度）

オールトの雲
（太陽系の果て）
（10¹⁶メートル程度）

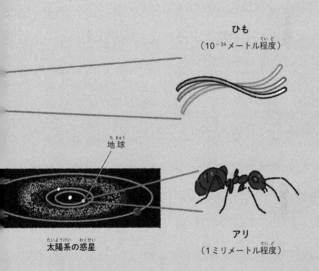

ひも
（10⁻³⁴メートル程度）

地球

太陽系の惑星

アリ
（1ミリメートル程度）

39

ひもは分かれたり, くっついたりする

ひもは, 同じ調子でのびつづける

　超ひも理論のひもは, のび縮みするといいます。ただし, いわゆるゴムひものようなものとは, のび縮みのしかたがことなります。

　ゴムのひもは, 両端をひっぱるにつれて, 少しずつのびにくくなります。つまり, のびるにつれて張力(引きもどそうとする力)が強くなります。それに対して, 超ひも理論のひもは張力がつねに一定です。張力以上の力でひっぱれば, 同じ調子でのびつづけます。

2 ひもの不思議な性質

超ひも理論のひもは，のび縮みしたり，切れたりくっついたりする性質をもっています。

のび縮みする

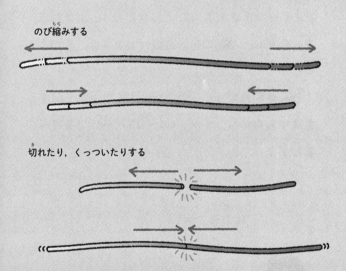

切れたり，くっついたりする

41

ある程度のびると，ひもは切れる

　とはいえ，ひもは無限にのびつづけられるわけではありません。ある程度のびると切れて，ひもは二つに分かれます。さらに，二つのひもが「くっつく」こともあるといいます。ひもの切れやすさ（くっつきやすさ）は，「結合定数」とよばれます。ただし，ひもの結合定数の大きさは，まだよくわかっていません。

　ひもが切れたりくっついたりすることは，何を意味するのでしょうか。43 ～ 45ページで見てみましょう。

ひもはどのぐらい伸びたら，切れるんだろう？

3 ひもが分かれると，素粒子が二つになる！

素粒子は，別の素粒子を吸収・放出する

素粒子は，別の素粒子を吸収したり，逆に放出したりすることがあります。

たとえば，光の素粒子である光子は，電磁気力を伝える素粒子でもあります。ですから，光子を吸収したり，放出したりすることによって，電子が周囲の素粒子から電磁気力を受けたり，逆に電磁気力を伝えたりすることがあるのです。

45ページのイラストは，電子が光子を吸収するようす（左）と，電子が光子を放出するようす（右）を，2種類の表現方法でえがいたものです。

ひもがくっつくことは，
素粒子の吸収に対応する

　右ページのイラストの左側は，素粒子を「球」として表現したものです。右側は，同じ反応を，素粒子を「ひも」として表現したものです。

　光子の吸収は，二つのひもが一つになることで表現されます。そして，光子の放出は，一つのひもが二つになることで表現されます。

　このように，二つのひもがくっついて一つになることは，ある素粒子が別の素粒子に吸収される反応に対応します。逆に，一つのひもが切れて二つに分かれることは，ある素粒子が別の素粒子を放出する反応に対応します。

光子の吸収は，二つのひもが一つになることで表現され，時間を巻き戻しして考えると，電子が光子を放出するようすをえがいたことになります。

44

3 電子による光子の吸収と放出

電子（素粒子）が，光子（素粒子）を吸収するようすと，光子を放出するようすを，2種類の表現方法でえがいています。

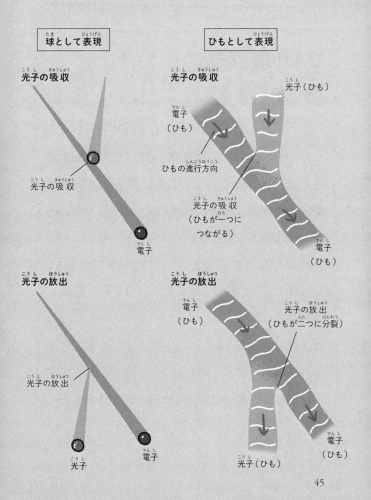

球として表現

ひもとして表現

光子の吸収

電子（ひも）

光子の吸収

電子

光子の吸収

光子（ひも）

電子（ひも）

ひもの進行方向

光子の吸収（ひもが一つにつながる）

電子（ひも）

光子の放出

光子の放出

光子

電子

光子の放出

電子（ひも）

光子の放出（ひもが二つに分裂）

電子（ひも）

光子（ひも）

ひもには，開いたものと，閉じたものがあるらしい

ひもの端と端がくっつくと，輪っかになる

　ここまで見てきたように，ひもは切れたり，くっついたりします。そして，ひもがくっつくとき，二つのひもが一つのひもになるだけではなく，一つのひもの端と端がくっついて，つながることもあるといいます。

　一つのひもの両端がくっついてつながると，輪っか（リング状）になります。つまり，超ひも理論のひもには，開いた状態（いわゆる，ひも）と，閉じた状態（輪）の二つの状態があると考えられているのです。開いたひもには端がありますが，閉じたひもには端がないことになります。

重力子は，「閉じたひも」

　重力を伝える素粒子だと考えられている「重力子」は，「閉じたひも」であらわされると考えられています。

　一方，電子や光子など，発見済みの素粒子は，基本的に「開いたひも」であらわされると考えられています。

ひもは1種類だけど，開いたものと，閉じたものの二つの状態があるんだクマ。

4 開いたひもと閉じたひも

開いたひもは文字通りひもの状態で，閉じたひもはいわゆる輪の状態です。重力を伝える素粒子の「重力子」は，閉じたひもだと考えられています。

開いたひも

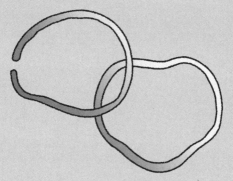

閉じたひも

閉じたひもがあらわす素粒子

閉じたひもがあらわす素粒子には，重力を伝える素粒子である「重力子（グラビトン）」があります。

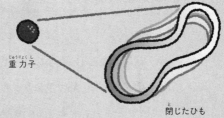

重力子

閉じたひも

開いたひもがあらわす素粒子

開いたひもがあらわす素粒子には，電子やクォーク，光子など，さまざまなものがあると考えられています。

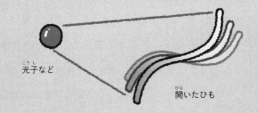

光子など

開いたひも

ひもの結び方の王様 「もやい結び」

　ひもの結び方には，チョウチョ結びや固結びなど，用途に応じたさまざまなものがあります。そのなかでも，「結び方の王」とよばれるのが，「もやい結び」です。もやいとは，船をつなぎとめることや，そのための綱を意味する言葉です。もやい結びは，すぐに覚えられて強度があり，ほどくのも容易な，とても便利な結び方です。

　もやい結びは，ひもの先端に輪をつくる結び方です。ひもをひっぱっても，輪の部分が絞まっていくことはありません。この輪を港の杭にかければ，船を係留することができます。また，重いものをつり下げたり，テントを張ったり，登山で体を支えたりと，さまざまな場面で使えます。何かのときのために覚えておくと，役に立つかもしれません。

ちなみに，超ひも理論のひもは，重ねるとすり
ぬけるなどするため，もやい結びをはじめ，結ぶこ
とはできないと考えられています。

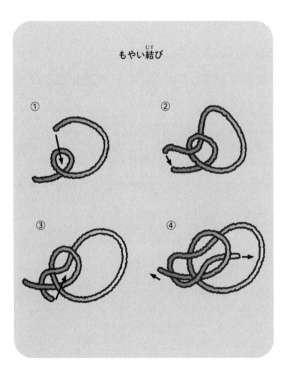

もやい結び

① ② ③ ④

ひもは，1秒間に 10⁴²回振動している！

振動のしかたによって， ことなる素粒子にみえる

超ひも理論のひもは，振動しています。「たえず振動している」ことは，ひもの最も重要な特徴だといえます。

超ひも理論では，ひもの振動のしかたがことなると，ことなる性質があらわれると考えます。1種類のひもがことなる振動をすることで，電子や光子などのことなる性質をもつ素粒子にみえるのです。それでは，超ひも理論のひもは，いったいどれほどの速さで振動しているのでしょうか。

5 超高速で振動しているひも

ひもは，つねに振動しています。しかも1秒間に10^{42}回という超高速です。その振動のしかたのちがいによって，さまざまな素粒子にみえると考えられています。

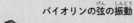

バイオリンの弦の振動

1秒間に660回
※最も高音の弦をそのまま弾いた場合

超ひも理論のひもの振動

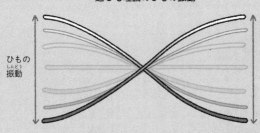

ひもの
振動

1秒間に10^{42}回以上！

開いたひもの端が動く速さは，光速に達する

ひもの振動は，1秒間に10^{42}回（10^{42}ヘルツ）以上にもなると考えられています。これは，わずか1秒間に，1兆回の1兆倍の1兆倍のさらに100万倍以上という，猛烈な速さの振動です。

さらに，開いたひもの場合，端の部分が動く速さは，最大で光速に達します。光速とは真空中を光が進む速さであり，秒速約30万キロメートルです。これは自然界の最高速度だとされています。

「ヘルツ（Hz）」は，1秒間に振動する回数（振動数）をあらわす単位です。

6 ひもは，10^{36} トンに相当する力でひっぱられている！

ひもは強くひっぱられるほど，高速で振動する

　超ひも理論のひもに限らず，一般的にひも（弦）は強くひっぱられる（張力が強くなる）ほど，高速で振動します（振動数が大きくなります）。このことは，ギターの弦をきつく張るほど，鳴らしたときに高い音（振動数が大きい音）が出ることからもわかります。

　また，ひもは短いほど，そして細いほど，高速で振動するようになります。それでは，超ひも理論のひもの張力はどれくらいなのでしょうか。

ひもには，けたはずれに大きな張力がかかっている

　超ひも理論のひもには，10^{40}ニュートン以上の張力がかかっていると考えられます。

　ニュートン（N）は力の単位であり，1ニュートンは地上で約10^2グラムの物にかかる重力と同じです。10^{40}ニュートンは，およそ10^{36}トンの物にかかる重力に相当する，けたはずれに大きな力です。ひもには，とんでもない強さの張力がかかっていることになります。

「現代の技術では観測できないほど小さいうえに，太さはなくて，とても強い張力がかかっていて，とんでもない速さで振動している」というのが，超ひも理論が示すひもの姿なんだね！

6 けたはずれの張力

一般的にひもは，強い張力がかかっているほど高速で振動します。超ひも理論のひもには，10^{36} トンの重力に相当する張力がかかっています。

10^{36}t

ひもにかかっている張力は，とんでもない大きさなんだクマ。

7 開いたひもと閉じたひもでは, 振動のしかたがことなる

ひもは, 「定常波」という 波をつくる

　ここでは, ひもの振動のしかたを, くわしく見てみましょう。

　超ひも理論のひもは, 波の山と谷がその場で上下するようにみえる「定常波(定在波)」という波をつくる振動をすると考えられています。いわゆる普通の波は, 波の山と谷が移動しますが, 定常波は山と谷の場所が動きません。

　定常波には, 振動しない「節」と, 山(もしくは谷)の頂点となる「腹」があります。節と腹の数がふえることで, 振動のしかたがちがってきます。

節の数と振動の大きさで，ひもの振動は決まる

開いたひもと閉じたひもで，振動のしかたはことなります。

開いたひもは，ひもの端に波の「腹」があるような振動をします。一方，閉じたひもは，ひも1周にちょうど山と谷が同数含まれるような振動をします。

ひもの振動を決める要素は，基本的に「節の数」と「振動の大きさ（振幅）」の二つです。このような振動のちがいが，素粒子のちがいとなるのです。

ひもの端が振動する速さは，最大で光速（秒速約30万キロメートル）に達しますが，この速さは，ひも（素粒子）全体が移動する速さとは別のものです。

開いたひもと閉じたひもでは，ことなる振動を示します。
「節」の数ごとに，振動のしかたをあらわしました。

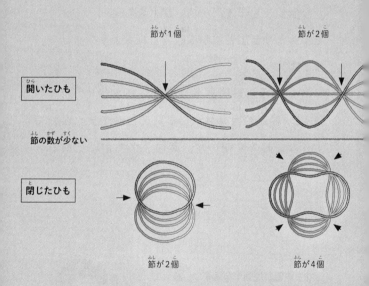

節が1個

節が2個

開いたひも

節の数が少ない

閉じたひも

節が2個

節が4個

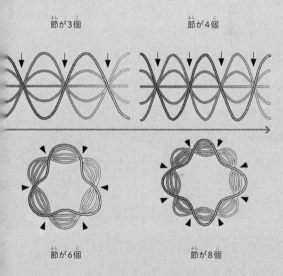

節が3個

節が4個

節の数が多い

節が6個

節が8個

8 激しく振動するひもほど，重い素粒子になる

はげしく振動するひもは，大きなエネルギーをもつ

　波の山と谷の数が多い（節と腹が多い）ひもの振動ほど，はげしい振動だといえます。

　はげしい振動をするには，それだけ大きなエネルギーが必要になります。アインシュタインの「相対性理論」によると，エネルギー（E）と質量（m）は本質的には同じものだとされます（$E=mc^2$）。そのため，はげしい振動をしているひもは，大きなエネルギーをもつ，すなわち大きな質量をもつ（重い）のです。つまり，ひもの振動がはげしいほど，質量の大きな素粒子になります。

重い素粒子は，みつかっていない

　波の山と谷の数を多くすれば，ひもの振動状態は無限に考えられますから，超ひも理論では，無限の種類の素粒子が存在すると考えられます。

現在までにみつかっている素粒子は17種類で，比較的質量が小さい（軽い）ものばかりです。一般的に重い素粒子ほど発見するのがむずかしくなります。

　超ひも理論が予言する無数の重い素粒子（はげしく振動するひも）は，今後の発見が期待されています。

ひも自体には，質量はなくて，振動することで，質量が生まれると考えられているクマ。

8 みつかっているのは軽い素粒子

上のほうにあるほど軽い素粒子で，ひもの振動がおだやかです。逆に，下のほうにあるほど重い素粒子で，ひもの振動が激しくなります。現在みつかっているのは軽い素粒子が中心です。

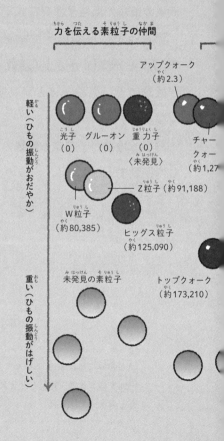

力を伝える素粒子の仲間

軽い（ひもの振動がおだやか）

光子（0）

グルーオン（0）

重力子（0）〈未発見〉

アップクォーク（約2.3）

チャーク
クォー
（約1,27

Z粒子（約91,188）

W粒子（約80,385）

ヒッグス粒子（約125,090）

重い（ひもの振動がはげしい）

未発見の素粒子

トップクォーク（約173,210）

物質をつくる素粒子の仲間

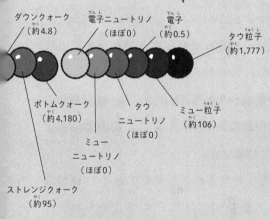

ダウンクォーク
（約4.8）

電子ニュートリノ
（ほぼ0）

電子
（約0.5）

タウ粒子
（約1,777）

ボトムクォーク
（約4,180）

タウ
ニュートリノ
（ほぼ0）

ミュー粒子
（約106）

ミュー
ニュートリノ
（ほぼ0）

ストレンジクォーク
（約95）

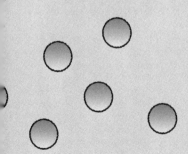

（　）内の数字は質量。
単位はメガ電子ボルト

重力を伝える閉じたひもは，まだ見つかっていない

発見ずみの素粒子は，開いたひも

　開いたひもと閉じたひもは振動のしかたがことなるため，それぞれに対応する素粒子もことなると考えられています。

　重力の素粒子である「重力子」は，閉じたひもだと考えられています。しかし，重力子はまだ発見されていません。

　一方，電子や光子などの発見ずみの17種類の素粒子は，基本的には開いたひもであらわされると考えられています。

9 重力子は閉じたひも

素粒子は，現在までに，アップクォークや，電子，光子など17種類が見つかっています。これらは，開いたひもであらわされると考えられています。一方未発見の重力子は，閉じたひもだと考えられています。

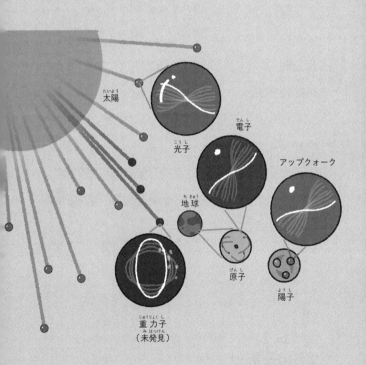

太陽

光子

電子

アップクォーク

地球

原子

陽子

重力子
（未発見）

素粒子の振動は，
イラストで表現できない

　ここまで，素粒子のひもの振動状態をイラストで紹介してきました。しかし実は，イラストで正確にひもの振動状態をえがくことは，残念ながらできません。なぜなら，ひもの振動が3次元空間（縦・横・高さがある空間）にとどまらないためです。

　くわしくは，第3章で説明しますが，ひもは9次元空間で振動していると考えられています。私たちが認識できない高次元空間で振動しているため，ひもの振動をイラストで正確に表現することは不可能なのです。

9次元空間とは，どんな空間なんだろうかクマ？

memo

鉄鋼の5倍強いクモの糸

　自然界でひも（糸）をあやつる職人といえばクモでしょう。クモは腹部の先端から数種類の糸を出します。**これらの糸は目的別に特徴があり，クモはそれらをたくみに使い分けています。**たとえば獲物をつかまえる糸には，ねばねばした“球”がついていますが，巣を張るときの足場になる糸にはその球はついていません。

　クモの糸の中で，今最も注目を集めているのが，クモが敵から逃げるときなどに“命綱”として使う「牽引糸」です。牽引糸は強いのによく伸びるという，一見矛盾する特性をそなえています。同じ重量でくらべれば鉄鋼の5倍ほどの強度をもつといわれています。もし太さ1ミリだったら，100キロの重さにも耐えことができるそうです。

現在，クモの糸を人工的につくる研究が進んでいます。この人工クモの糸が，衣服や医療用製品，さらには自動車や宇宙服などの素材になると期待されています。

素粒子は，大きさのない点とみなされてきた

そもそもなぜ，素粒子の正体をひもだと考える必要があるのでしょうか。ここからは，超ひも理論の生い立ちをみていきましょう。

物理学では伝統的に，素粒子を大きさのない「点」とみなしてきました。ところが，そのように考えた場合，物理学の計算をする上で問題が生じてしまいます。

たとえば，素粒子である電子は，マイナスの電気をおびています。プラスの電気をおびたものとは引き合い，逆にマイナスの電気をおびたものとは反発します。このときにはたらく力を「電磁気力」といいます。電磁気力は，二つの物体の距離が近いほど強くなります（右のイラスト）。

10 電子がおよぼす電磁気力

電気を帯びたものの間にはたらく電磁気力は,距離が近いほど強くはたらきます。電子を点だと考えると,自らがおよぼす電磁気力によって,無限大のエネルギー（無限大の質量）をもつことになり,動けなくなります。しかし,現実には電子は動くことができ,矛盾が生じてしまいます。

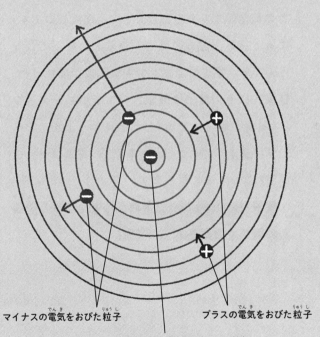

マイナスの電気をおびた粒子

プラスの電気をおびた粒子

周囲に電磁気力をおよぼす電子
（点だと考えると,自身の電磁気力で,動くことができない）

電子が点だと，
動くことができなくなる

　実は，電子がおよぼす電磁気力は，発信源である自分自身にもはたらきます。

　電子が大きさをもたない点だとすると，電磁気力の発信源である自分自身との距離はゼロです。すると計算上，電磁気力が無限大になってしまうのです。電子に無限大の電磁気力が加わると，結果的にその電子は無限大のエネルギーをもつ（＝質量が無限大である）ことになります。これでは，重すぎて動くことができず，電気はいっさい流れないことになります。

電子（素粒子）が点だと考えると，理論と現実との間に矛盾が生じるのです。

11 超ひも理論の生い立ち② 重力を計算できない

「素粒子＝点」という前提で，素粒子物理学が発展

素粒子に大きさをもたせるのではなく，大きさのない点だとしても矛盾を生じないようにする計算方法が，1940年代に提案されました。それが，朝永振一郎（1906 ～ 1979）らによる「くりこみ理論」です。そして，素粒子物理学は「素粒子＝点」という前提のもとで大いに発展していきました。

そして1970年代に，「標準理論（標準模型，標準モデル）」とよばれる，現在の素粒子物理学の基本的な枠組みがほぼできあがりました。

標準理論の限界が見えはじめる

　ところが，1980年代に入り，標準理論の"限界"が見えはじめます。それは「重力」の問題です。

　現在，自然界には，「電磁気力」「弱い力」「強い力」，そして「重力」という四つの基本的な力が存在することが明らかになっています。標準理論では，そのうち電磁気力，弱い力，強い力の三つについては，いっしょに計算することができるのですが，どうしても「重力」を合わせて計算することができないのです。

　このような標準理論の限界は，「くりこみ理論」の限界を意味します。この限界を突破する可能性を秘めた理論が，「超ひも理論」です。

11 標準理論があつかえる力

1970年代にできあがった素粒子物理学の「標準理論」では，同時に取りあつかえるのは，電磁気力，強い力，弱い力の三つまでです。重力はあつかえないのです。

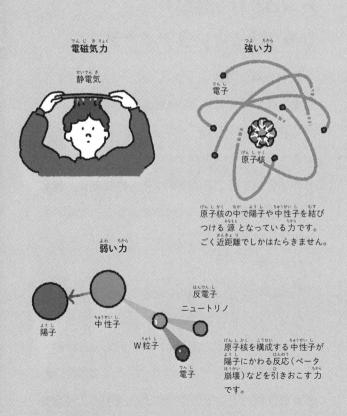

電磁気力

静電気

強い力

電子

原子核

原子核の中で陽子や中性子を結びつける源となっている力です。ごく近距離でしかはたらきません。

弱い力

反電子

ニュートリノ

中性子

陽子

W粒子

電子

原子核を構成する中性子が陽子にかわる反応（ベータ崩壊）などを引きおこす力です。

ハドロンは1種類の
ひもであるというアイデア

　超ひも理論の原型となるアイデアは，1960年代後半に登場しました。それが南部陽一郎（1921～2015），ホルガー・ニールセン（1941～），レオナルド・サスキント（1940～）らによる「ハドロンのひもモデル」です。ハドロンとは，複数の素粒子が結合してできた粒子のことです。たとえば，陽子は，三つのクォークが結びついたハドロンです。

　1960年代，実験装置の発達により，さまざまな種類の「ハドロン」がみつかるようになりました。しかし当時は，ハドロンはそれ以上分割できない素粒子だと思われていました。南部らは，さまざまなハドロンの正体は長さをもつ1種類の

ひもであり，その振動のちがいで，ことなる種類のハドロンにみえるというアイデアを提案したのです。

量子色力学の登場により ひもの研究が衰退

　南部の理論は，ハドロンの性質をある程度説明することができたため，注目を集めました。しかしその後，ハドロンが複数の素粒子からできているとする理論（量子色力学）が登場し，成功をおさめます。それにより，粒子をひもだと考えるアイデアを取り入れる研究者は減少し，「ひも」の研究は衰退していくことになります。

超ひも理論には，日本の科学者が関係していたんだね！

12 南部のモデル

ハドロンの仲間には，陽子や「中間子」という粒子が知られています。南部は，これらのハドロンの正体が，1種類のひもだと考えました。現在は，ハドロンが複数のクォークの結合によってできた複合粒子だとわかっています。

南部のモデルにしたがってえがいた陽子と中間子

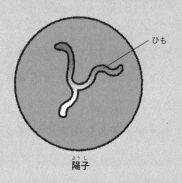

ひも

陽子

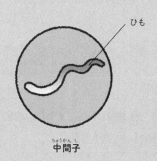

ひも

中間子

最新のモデルにしたがってえがいた陽子と中間子

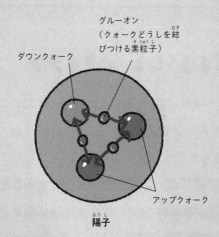

グルーオン
（クォークどうしを結びつける素粒子）

ダウンクォーク

アップクォーク

陽子

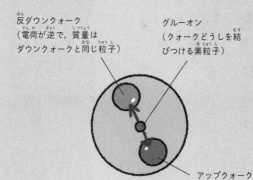

反ダウンクォーク
（電荷が逆で，質量はダウンクォークと同じ粒子）

グルーオン
（クォークどうしを結びつける素粒子）

アップクォーク

中間子
（注：π^+中間子の場合）

復活する「ひも」のアイデア

1970年代以降,「ひも」の研究がすたれたとき
も,その可能性を信じて研究をつづけた人たち
がいました。

1974年には,素粒子をひもだと考えると,重
力を含む自然界の四つの力を同時に取りあつか
うことができる可能性があることが明らかになり
ました。このことを発見したのは,ジョン・シュ
ワルツ(1941〜)とジョエル・シャーク(1946
〜1980),そして,米谷民明(1947〜)です。
ただ,当時の理論には,どうしても理論的に整合
性がとれない部分が残っていました。

13 超ひも理論があつかう重力

超ひも理論は，重力をあつかえることがわかり，注目を集めるようになりました。超ひも理論は，電磁気力，強い力，弱い力の三つの力に加え，重力を同時にあつかうことができます。

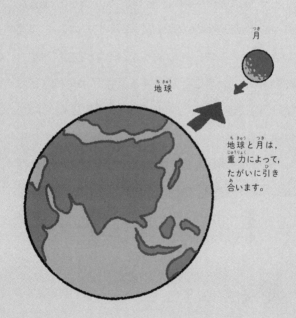

月

地球

地球と月は，重力によって，たがいに引き合います。

1984年の発見で超ひも理論が
一躍，脚光を浴びる

　その後，ひもの理論を大きく発展させたのが，シュワルツと，マイケル・グリーン（1946 ～）です。彼らは1984年に，それまでのひもの理論が抱えていた理論的な欠陥を解消する方法を発見しました。この発見により，ひもの理論が「重力を取りあつかうことができる素粒子の理論」として一躍，脚光を浴び，研究が一気にさかんになりました。

　1984年以降の数年間におきた超ひも理論の発展は「第1次超ひも理論革命」とよばれます。

ジョン・シュワルツは，「超ひも理論の父」とよばれることもあります。

14 超ひも理論の生い立ち⑤ 「第2次超ひも理論革命」到来

超ひも理論には, 五つの理論がある

　第1次超ひも理論革命後, 理論の発展はしばらくとどこおっていました。しかし, 次の転機は1995年に訪れました。「第2次超ひも理論革命」です。

　実は, 超ひも理論には五つの種類があります。エドワード・ウィッテン（1951 〜）は, これらが別々のものではなく, 同じ理論をそれぞれ別の側面から見ているだけだと主張しました。つまり, 五つの理論は本質的には同じだというのです。

　これにより超ひも理論の全体像がおぼろげながらわかってきて, 一気に研究が活発化しました。

五つの超ひも理論の上に立つ M理論

ウィッテンはさらに，これら五つの理論の上に立つ"真の究極理論"があるはずだと考え，この理論を「M理論」とよびました。ただしM理論は，いまだその実体さえはっきりとわかっておらず，ほんとうに"真の究極理論"になり得るのかもよくわかっていません。

現在では「超ひも理論」という言葉は，五種類の超ひも理論にM理論も加えて，より広い意味で使われています。

超ひも理論は，完成に向けて研究がつづけられている理論なんだね。

14 真の究極理論！？

超ひも理論には，タイプⅠ，タイプⅡA，タイプⅡB，ヘテロティックSO（32），ヘテロティックE8×E8という五つの種類があります。この五つの超ひも理論の上に，真の究極理論として「M理論」が提唱されました。

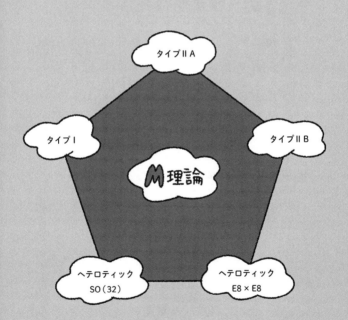

既知の素粒子には,
パートナー粒子が存在する

78 〜 81 ページで紹介した南部のひもの理論には,「超」がついていませんでした。この「超」は,何を意味するのでしょうか。

超ひも理論の頭についている「超」は,単に「すごい」,という意味ではありません。**「超対称性」という意味です。**

素粒子は,大きく2種類に分けることができます。力を伝える素粒子と万物に質量をあたえる素粒子が含まれる「ボソン」と,物質を構成する素粒子が含まれる「フェルミオン」です。超対称性とは,既知の素粒子それぞれに,ボソンとフェルミオンの特徴を入れかえたパートナー粒子（超対称性粒子）が存在することを意味します。

たとえば，ボソンである光子（フォトン）には，そのパートナーとして，「光子に似ているが，フェルミオンの特徴をもつ粒子（フォティーノ）」が存在することになります。

超対称性粒子の存在は，確認されていない

　従来のひも理論は，ボソンしかあつかえない理論でした。そこに「超対称性」を導入したことで，フェルミオンもあつかえるようになりました。こうして，ひもの理論が進化してできたのが，超ひも理論なのです。

　ただし，素粒子がほんとうに超対称性をもつかどうか（超対称性粒子が存在するかどうか）は，まだ確認されていません。

超対称性粒子

左側が18種類の既知の素粒子で，右側がそのパートナーとなる未知の「超対称性粒子」です。超ひも理論の「超」は，この「超対称性」の「超」に由来しています。

ボソン

既知の素粒子

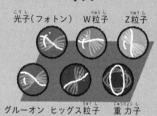

光子（フォトン）　W粒子　Z粒子

グルーオン　ヒッグス粒子　重力子

フェルミオン

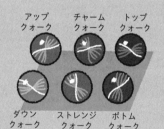

アップ
クォーク　チャーム
クォーク　トップ
クォーク

ダウン
クォーク　ストレンジ
クォーク　ボトム
クォーク

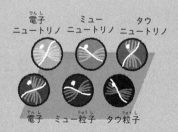

電子
ニュートリノ　ミュー
ニュートリノ　タウ
ニュートリノ

電子　ミュー粒子　タウ粒子

フェルミオン

超対称性粒子

（すべて未発見）

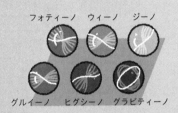

フォティーノ　ウィーノ　ジーノ

グルイーノ　ヒグシーノ　グラビティーノ

ボソン

スカラー
アップクォーク　スカラー
チャームクォーク　スカラー
トップクォーク

スカラー
ダウンクォーク　スカラー
ストレンジクォーク　スカラー
ボトムクォーク

スカラー電子
ニュートリノ　スカラーミュー
ニュートリノ　スカラータウ
ニュートリノ

スカラー
電子　スカラー
ミュー粒子　スカラー
タウ粒子

朝永はくりこみ理論でノーベル賞

1906年
朝永振一郎
東京に生まれる

中学生のときに
アインシュタインが
来日し
物理学に興味をもつ

量子力学に関心をもつが
進学した京都大学には
教えられる人が
いなかった

同級生でのちに
ノーベル物理学賞を
受賞する
湯川秀樹らと協力して
量子力学を学んだ

ドイツ留学などを経て
東京文理科大学
（現・筑波大学）の
教授に就任

戦争中も
紙と鉛筆だけで
理論物理の
研究を進めた

戦後、
くりこみ理論を発表。
素粒子物理学を
大きく発展させ、
1965年に
ノーベル物理学賞を
受賞した

92

第3章

超ひも理論が予測する9次元空間

超ひも理論を理解するうえで，鍵になるのが「次元」の考え方です。私たちの住む3次元の世界に対して，超ひも理論のひもは，9次元空間で振動するといわれています。9次元空間とはどのような世界なのでしょうか。

私たちは，3次元空間に生きている

ひもは，9次元空間で振動している

　ここからは，超ひも理論が予言する，不思議な世界について紹介していきます。

　68ページでも簡単に触れたように，超ひも理論のひもは9次元で振動していると考えられています。**つまり，超ひも理論によると，この世界は「9次元空間」だというのです。**

　9次元空間とは，いったいどのような空間なのでしょうか。そもそも，「次元」とは，いったい何なのでしょうか。

縦・横・高さの3方向に動ける3次元空間

次元とは，簡単にいえば「動ける方向」の数（直行する方向の数）のことです。たとえば，「直線」は，前後の1方向に動くことができるので1次元です。「面」は前後だけでなく左右にも動けるので2次元です。「地球の表面」も，緯度と経度の2方向に動けるので2次元です。

　そして，「空間」は縦・横・高さの3方向に動くことができるので，3次元です。前後・左右・上下の3方向に動くことができる私たちは，「3次元空間」に暮らしているといえます。

空間の次元の数は「たがいに直交させることができる線の最大の本数」と一致します。

97

1 1~3次元のイメージ

次元の数は，それぞれの空間で自由に動ける方向の数（直行する方向の数）と一致します。私たちが暮らす空間には，縦・横・高さという三つの動ける方向があるので，3次元といえます。

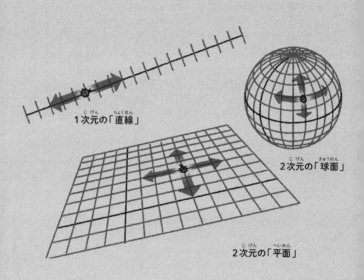

1次元の「直線」

2次元の「球面」

2次元の「平面」

3次元の「空間」

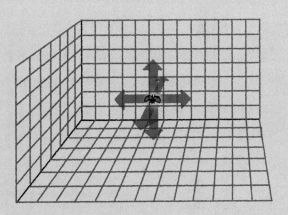

ひもは9次元空間で振動している！

次元の数が多いと，振動のバリエーションが増す

　超ひも理論は，9次元空間を予言しています。それは，ひもの振動状態と，現実の素粒子を矛盾なく対応づけるためには，ひもの振動方向が9個必要になるからです。

　2次元の世界では，ひもはある面内でしか振動できません。一方，3次元空間のひもなら，縦にも横にも斜めにも振動でき，2次元世界のひもよりも振動のバリエーションが増します。次元の数が多いほど，ひもはいろんな方向に振動できるようになり，全体として多くの振動状態をとることが可能になります。

2 2次元と3次元のひもの振動

2次元世界と3次元世界でのひもの振動のようすをえがきました。次元の数がふえると，ひもの振動のバリエーションもふえます。

A. 2次元の世界（面の世界）

振動する開いたひも　　　　　　　振動する閉じたひも

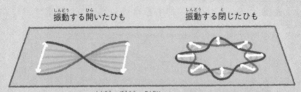

ひもの振動の方向は面内にかぎられます。

B. 3次元の世界（空間の世界）

横方向に振動する開いたひも　　　横方向に振動する閉じたひも

縦方向
横方向

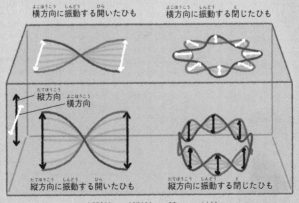

縦方向に振動する開いたひも　　　縦方向に振動する閉じたひも

ひもは，縦方向にも横方向にも斜めにも振動できます。

3次元では，次元が足りない

　現在，17種類の素粒子が発見されています。
超ひも理論が自然界を正しく表現する理論であ
るのなら，現実の素粒子の特徴と，ひもの状態
とをきちんと対応づけできる必要があります。し
かし，ひもの状態で現実の素粒子をきちんと表
現するには，3次元では足りません。

　矛盾なく，現実の素粒子をあらわすには，9次
元空間が必要になるのです。

残りの6次元は，どこにあるん
だろう？

3 9次元のひもを 2次元でえがく方法

"かくれた振動"がちがえば, ひもの性質はちがう

　3次元空間で暮らす私たちには, 4～9次元の高次元空間が仮に実在したとしても, そこでおきる出来事を直接確認することはできません。だからといって, 高次元空間での出来事が私たちに無関係というわけではありません。

　ひもの振動が, 私たちに見える3次元空間で同じように見えたとしても, 4次元目から9次元目の方向での"かくれた振動"のしかたがちがっていれば, ひもの性質はちがってくるのです。

1次元ごとに分解して表現する

高次元空間にある物体をイラストで正しくえがくことはできません。しかし，**1次元ごとに"分解"して表現することは可能です。**それは3次元の建物を，正面や横から見た平面図に"分解"して表現することと同じ考え方です。

右ページのイラストは，9次元空間で振動するひもの形をそれぞれの次元に"分解"して表現したものです。

右の9枚の図の横軸はひもの長さ方向を，縦軸は分解した各次元の方向をあらわしているクマ。ひもは振動しているから，それぞれの次元での形は時間とともに変化するクマ。

3 各次元に分解してえがく

ひもの一方の端を「0」，もう一方の端を「1」とする目盛りをつけ，各部分が各次元でそれぞれどこにあるのかを示すことで，高次元空間で振動するひもの形を表現できます。

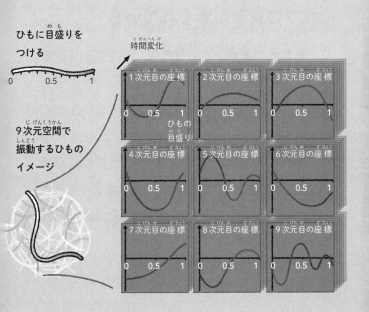

ひもに目盛りを
つける

9次元空間で
振動するひもの
イメージ

時間変化

1次元目の座標　2次元目の座標　3次元目の座標

ひもの
目盛り

4次元目の座標　5次元目の座標　6次元目の座標

7次元目の座標　8次元目の座標　9次元目の座標

3次元をこえる次元は、「コンパクト化」されている①

この世界には、六つの次元がかくれている

　私たちが暮らすこの世界は、どこをどう見まわしても3次元空間としか思えません。9次元空間は、いったいこの世界のどこにあるというのでしょうか?

　この問いに対して物理学者たちは、「私たちが知る3次元以外の六つの次元は、小さくかくれていて、私たちが気づかないだけかもしれない」と考えています。

カーペット上のかくれた次元

　たとえば，私たち人間は，床にしかれたカーペットの上を2方向（縦・横）にしか移動できません。その意味では，人間にとって，カーペットの上は「2次元」だということができます。

　一方，カーペットの上にいる小さなノミは，縦・横の2方向のほかに，丸まった糸の方向にも動くことができます。その意味では，小さなノミにとってはカーペットは「3次元」だといえます。この丸まった糸の方向が，超ひも理論の「かくれた次元」に相当します。丸まった糸の方向（次元）は，カーペットのあらゆる場所にかくれています。

　これと同じように，私たちが知る3次元空間には，非常に小さい別の次元がかくれているのかもしれない，と物理学者たちは考えています。

4 かくれた次元

人間は，カーペットの上を2方向にしか動けません。しかし，ノミにとっては丸まった糸の方向にも動けるので3次元です。この丸まった糸の方向が「かくれた次元」です。

人間は，カーペットの上を2方向にしか動けない

横

縦

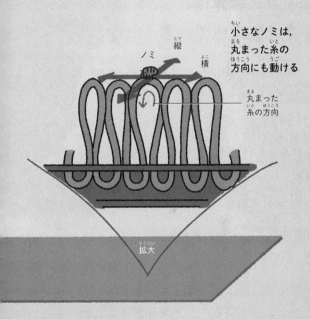

小さなノミは，丸まった糸の方向にも動ける

縦

ノミ

横

丸まった糸の方向

拡大

注：かくれた次元をカーペットでたとえる説明は，ブライアン・グリーン博士の著書『隠れていた宇宙（原題：The Hidden Reality）』の上巻を参考にしました。

109

5

3次元をこえる次元は、「コンパクト化」されている②

かくれた次元は、小さく丸まっている

　数学者のテオドール・カルツァ（1885～1954）と物理学者のオスカル・クライン（1894～1977）は、3次元をこえる分の次元を「小さく丸める」という数学的な手法を考案しました。これを「コンパクト化」とよびます。

　超ひも理論では、六つの「かくれた次元」が、小さく丸まって見えなくなっている、といいます（112～113ページのイラスト）。このような丸まった次元は、"半径"が非常に小さいため、見えなくなっているのだと考えます。これらの見えない次元のサイズは通常、ひもの長さ程度（10^{-34}メートル程度）だと考えられています。

数学を駆使して，4次元以上の空間について考える

　このような"かくれた次元"が実際に存在していたとしても，これまでのどんな実験や，どんな日常の現象とも矛盾がないのだといいます。

　私たちは3次元空間の住人なので，実際の4次元以上の空間を絵として頭の中に思いえがくことは不可能です。しかし，数学を駆使すれば，4次元以上の空間について考えることはできます。**物理学者は数学を使うことで，高次元空間でおきる現象を計算するのです。**

丸まった次元とは，その次元の方向に進むと，元の位置にもどってくることができることをいうクマ。

5 小さく丸まった次元

2次元のうち1次元をコンパクト化することを模式的に表現しました。2次元の平面を丸めて半径を小さくしていくと，ついには1次元の線になります。丸まった次元では，まっすぐに進むと，元の位置にもどってきます。

2次元の世界

丸まった世界　　　**丸まった次元が小さくなり，見えなくなる**

かくれた6次元空間の形をえがいた「カラビ＝ヤウ空間」

理論と数学を使って, かくれた6次元をえがく

　私たちが見ることのできない4次元以上の空間は, いったいどういう形をしているのでしょうか。

　研究者たちは, 理論と数学を使って, コンパクト化された6個のかくれた次元を研究しています。右ページのイラストは, そうした研究によって示された, 6次元の複雑な空間です。

イメージだけど, 6次元の空間を目に見える形にできたんだね！

6 カラビ＝ヤウ空間

かくれた6次元の空間をえがいたカラビ＝ヤウ空間のイメージです。6次元の空間をそのまま図にはできないので，次元の数を少なくしてえがいてあります。

丸めこまれた6次元
（カラビ＝ヤウ空間）

3次元空間をあらわす平面

不思議な形をした
「カラビ＝ヤウ空間」

　この不思議な形をした空間は，「カラビ＝ヤウ空間」とよばれています。6次元の空間をそのまま図にはできないので，3次元世界の住人である私たちにもイメージしやすいように，次元の数を少なくしてえがいてあります。

　カラビ＝ヤウ空間という名前は，発見者である数学者のエウジェニオ・カラビ（1923 〜 2023）とシン＝トゥン・ヤウ（1949 〜）にちなんでいます。

　カラビ＝ヤウ空間には，さまざまな種類があり，その形状によって素粒子の性質や物理法則が影響を受けるといわれています。

memo

世界最長の生き物!?
ヒモムシ

　その名もずばり「ヒモムシ」という生き物がいます。名前の通りひものような姿で，多くは海の中で生きています。獲物を見つけると，体の中から吻という長い器官をのばし，とらえます。その姿がグロテスクだと，インターネットなどでたびたび話題になります。

　ヒモムシの長さはさまざまで，数ミリメートルのものから数メートルのものまでいます。19世紀にスコットランドで見つかったヒモムシの一種は，長さ55メートルにもなったそうです。大きな生き物として有名なシロナガスクジラが，体長30メートルほどなので，ヒモムシは世界最長クラスの生き物といえるでしょう。

　そして現在，世界自然遺産の小笠原諸島では，外

来の陸生ヒモムシによる食害が問題視されています。ワラジムシやヨコエビなど，土壌を安定させる小さな節足動物が，ヒモムシに食べられて激減しているのです。小笠原諸島の生態系が大きくかわるのではないかと，懸念されています。

ヒモムシ

ワラジムシ

ひもは「ブレーン」という
"膜"にくっついているらしい

ひもが広がったような
"2次元の膜"

　ここからは，超ひも理論が予言する，不思議な「ブレーン」という存在を紹介していきます。超ひも理論の研究が進んだ結果，ひもが広がったような"2次元の膜"が，ひもと同様に存在しているらしいことがわかりました。この膜を「ブレーン」といいます。

　ブレーンは，膜を意味する英語であるメンブレーンに由来します。言葉の由来は2次元の膜ですが，超ひも理論においては，3次元や4次元，果ては9次元に広がるブレーンも存在するのだといいます。そして，1次元のブレーンがひもです。

7 次元ごとのブレーン

0次元のブレーンは点で，1次元のブレーンはひもです。2次元のブレーンは膜で，開いたひもの端がくっついています。一方，閉じたひもは，ブレーンにくっつくことができません。

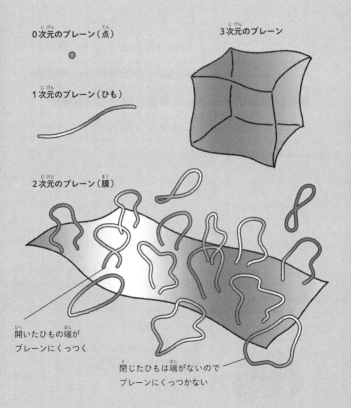

0次元のブレーン（点）

3次元のブレーン

1次元のブレーン（ひも）

2次元のブレーン（膜）

開いたひもの端が
ブレーンにくっつく

閉じたひもは端がないので
ブレーンにくっつかない

開いたひもの端がくっつく

1989年，アメリカの物理学者ジョセフ・ポルチンスキー（1954～2018）は，ブレーンに関する重要な性質を明らかにしました。特定の条件を満たすブレーンには，開いたひもの端がくっつくというのです。このようなブレーンを「Dブレーン」とよびます。Dブレーンに端がくっついたひもは，Dブレーン上しか動けなくなります。

なお，閉じたひもには端がないので，ブレーンにはくっつきません。

DブレーンのDは，「ひもの端が固定されている」という条件の名前「Dirichlet 境界条件」に由来します。

8 私たちは，ブレーンの中にいるのかもしれない

宇宙空間全体が広大なブレーン

　ブレーンは宇宙のどこに存在しているのでしょうか？超ひも理論から派生して生まれた「ブレーンワールド」という仮説によると，宇宙空間全体に3次元のブレーンが"広がっている"といいます。宇宙空間自体が，広大なブレーンだといってもいいでしょう。

　私たち自身が3次元のブレーンの"中"で生活しているため，その存在に気づくことはできません。この場合，ブレーンは高次元空間（私たちが知っている3次元空間＋かくれた次元でできる空間）に"浮いている"ことになります。

重力は，高次元空間に
伝わることができる

　人体をはじめ，あらゆる物質を構成する素粒子は開いたひもでできていると考えられています。そのため，ひもの端がブレーン（3次元空間）にくっついており，ブレーンの外（高次元空間）に出て行くことはできません。

　光も開いたひもだと考えると，ブレーンの上でしか伝わることができません。私たちは光を通して世界を見ているので，光では，高次元空間の存在を確かめようがない（見えない）のです。

　一方，重力を伝える重力子は，閉じたひもなので，高次元空間を移動できます。つまり重力は高次元空間にも伝わることができるのです。

8 ▶ この世界は3次元ブレーン!?

あらゆる物質を構成する素粒子や光は、開いたひも
でできていると考えられます。この世界が3次元の
ブレーンだとすると、3次元のブレーンにくっつい
て外に出られません。

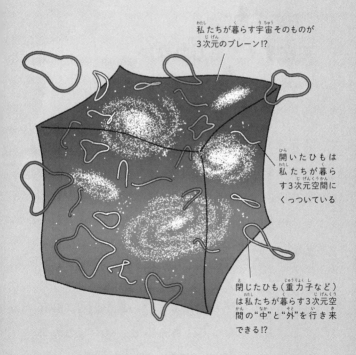

私たちが暮らす宇宙そのものが
3次元のブレーン!?

開いたひもは
私たちが暮ら
す3次元空間に
くっついている

閉じたひも（重力子など）
は私たちが暮らす3次元空
間の"中"と"外"を行き来
できる!?

注：3次元のブレーン（＝宇宙空間）の"外"とは、4次元以上の高次元空間
のことを指しています。そのような高次元空間をえがくことはできない
ため、ここでは3次元のブレーンの一部をえがくことで"内"と"外"を
表現しています。

超ひも理論は，10⁵⁰⁰通りの宇宙を予測する！

9

超ひも理論は，10^{500}通りの宇宙を予測する！

"別の宇宙"が存在するかもしれない

ブレーンワールド仮説では，私たちがいる空間を，高次元空間に浮かんだ3次元のブレーンと考えます。そして，この高次元空間には，私たちのブレーンとは別のブレーン（並行宇宙［パラレルワールド］）が存在する可能性が考えられます。つまり，宇宙が複数存在するかもしれないのです。

ほかのブレーンに閉じこめられた"別の宇宙"は，私たちの宇宙と同じように星や銀河が存在するかもしれないし，あるいは，全くべつの姿をしているかもしれません。ブレーンごとにさまざまな可能性が考えられます。

物理定数や物理法則の あり得るパターンが10^{500}

　また，そもそも私たちの住む宇宙とほかの宇宙が，まったく別の高次元空間にある可能性も考えられています。

　私たちの宇宙には，電子の質量などの「物理定数」や，「物理法則」が多くあります。超ひも理論にもとづいた計算を行うと，こうした物理定数や物理法則のありうるパターンの数は，少なくとも10^{500}通りあることがわかりました。**これは，10^{500}通りの宇宙が存在できることを意味しています。**

僕たちの宇宙の物理法則は，10^{500}通りもある物理法則の中の一つということになるね。

9 宇宙は無数にあるかもしれない

超ひも理論では，私たちが住む宇宙とは，別の宇宙が存在するかもしれないと考えられています。私たちの住む宇宙は，たまたま星や銀河，生命が生まれるのに都合がよかったのかもしれません。

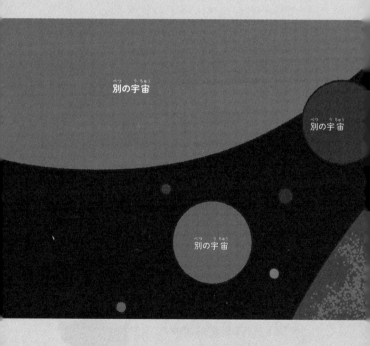

別の宇宙

別の宇宙

別の宇宙

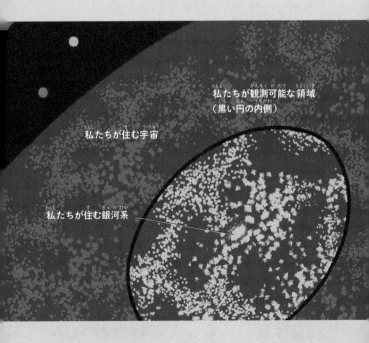

私たちが観測可能な領域
（黒い円の内側）

私たちが住む宇宙

私たちが住む銀河系

10

重力は，並行宇宙のブレーン
へと移動できるかもしれない

ブレーンで，
さまざまな現象が説明できる

ブレーンを考えることで，超ひも理論は自然界のさまざまな現象を説明できるようになりました。

たとえば，電磁気力，重力，弱い力，強い力の四つの力のうち，重力だけ極端に弱いという特徴があります。この理由も，ブレーンの考え方で説明できるといいます。

重力はほかの力にくらべて極端に弱いことから，四つの力の中でも「特別な力」とみなされているクマ。

重力子は，3次元空間の "外" にもれ出している

　さまざまな物質は，3次元のブレーンにくっついた開いたひもでできていると考えられています。一方，重力子は，閉じたひもだと考えられています。そのため，重力子はブレーンからはなれて自由に動くことができることになります。つまり重力は，私たちの暮らすこの3次元空間をはなれて，私たちが決して行くことのできない高次元空間を行き来することができます。**重力がとくに弱い理由は，重力子が3次元空間の "外" にもれ出しているからだと説明できるのです。**

　私たちの暮らす3次元ブレーンとは独立した，別の3次元ブレーン（並行宇宙［パラレルワールド］）があるとすれば，そこへ行けるのは，物質でも光でもなく，重力だけなのかもしれません。

10 重力は高次元空間に行ける

閉じたひもでできた重力子は，私たちが暮らす3次元空間を飛び出して，その外にある高次元空間や並行宇宙を行き来できると考えられています。

重力子

高次元空間

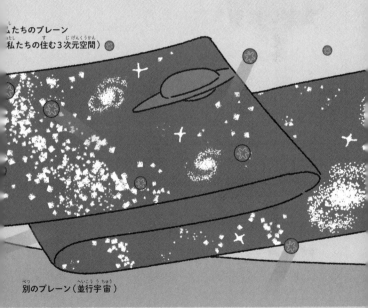

私たちのブレーン
（私たちの住む3次元空間）

別のブレーン（並行宇宙）

11

ビッグバンは, ブレーンの衝突でおきた!?

ブレーンは, 重力によって たがいに引き寄せあう

　ブレーンワールド仮説によると, 私たちの宇宙 (3次元ブレーン) のほかにもたくさんの宇宙が高次元空間に浮かんでいる可能性があります。そしてなんと, 複数のブレーン (宇宙) は, 重力によってたがいに引き寄せあって接近し, やがて両者が衝突することもありえるといいます。

ビッグバンがおきる前に, 宇宙は存在していた?

　私たちの宇宙のはじまりとされる「ビッグバン (高温・高密度の火の玉宇宙)」を, ブレーンどうしの衝突として説明する試みも行われています。

「エキピロティック宇宙」とよばれるモデルでは，平行な二つのブレーンを含む複数の宇宙（マルチバース）が想定されています。平行な2枚のブレーン（宇宙）が衝突すると，素粒子の熱い火の玉がつくられます。この火の玉がビッグバンに相当し，私たちの宇宙に物質や構造をもたらしたと考えます。

このモデルは，ビッグバンがおきる前に，私たちのブレーン（宇宙）がすでに存在していたことになり，従来の宇宙論と考え方が根底からことなります。

宇宙の誕生直後におきたといわれる宇宙の急激な膨張「インフレーション」も，ブレーンの考え方を使って説明できるといいます。「高次元空間に浮かぶブレーンとブレーンが衝突したことによって莫大なエネルギーが生じ，そのエネルギーが宇宙空間を急膨張させたと考えることができます。

11 エキピロティック宇宙モデル

2001年に提唱された「エキピロティック宇宙モデル」では,宇宙のはじまりである「ビッグバン」を,2枚のブレーンによる衝突として説明しています。

1. ブレーンどうしが接近

2枚のブレーンは,たがいの重力によって徐々に接近していきます。

2. ブレーンどうしが衝突

2枚のブレーンはさらに近づき，ついに衝突します。（ビッグバンに相当します）

3. 物質や構造が出現

衝突のエネルギーによって，私たちのブレーンに物質や構造がつくられます。

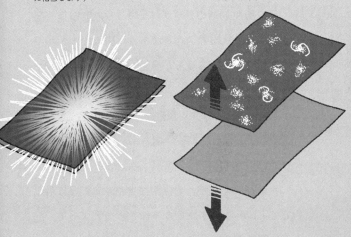

100億光年以上の長さの「宇宙ひも」

　超ひも理論のひもは，極小のひもです。しかし宇宙には，長大なひもがただよっている可能性があります。それが，「宇宙ひも」です。

　宇宙誕生初期のビッグバンのころの宇宙は，高温・高密度の灼熱の世界であり，膨大なエネルギーによって大量のひもが発生しました。それらがくっつき合うなどして，長大な宇宙ひもになったと考えられています。現在，その長さは何と，100億光年以上にも達する可能性があるそうです。

　宇宙ひもを直接，望遠鏡で発見することは困難です。しかし宇宙ひもは，その重力によって，近くを通過する光を曲げてしまうと考えられています。これを利用すれば，間接的にその存在を確かめることができるかもしれません。実験による検証

が困難な超ひも理論を，天文観測によって検証可能にするという点で，非常に興味深いといえるでしょう。

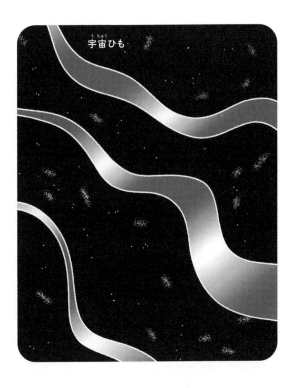

宇宙ひも

誕生したばかりの 宇宙は何次元？

誕生したばかりの宇宙は何次元空間だったんですか？

なぞじゃ。宇宙は原子よりもずっと小さなサイズで誕生したと考えられておる。このようなミクロな時空の構造を示す理論は，まだ完成しておらんのじゃ。

その理論の有力な候補が，超ひも理論なんでしょう？

そうじゃな。超ひも理論が正しいのであれば，ミクロの宇宙は9次元空間だったと考えられるじゃろう。

じゃあなぜ僕たちのまわりは，3次元空間なんですか？

ある時点で3次元だけが選ばれて急膨張し，残りの6次元はミクロのまま取り残された，ということじゃ。

ミクロのまま取り残された? どうやってですか?

特殊な空間に小さく丸めこまれているといわれておる。

うーん，何とも不思議な話ですね。なんだか博士に丸めこまれているような気分です……。

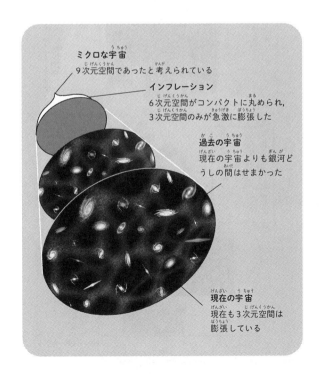

ミクロな宇宙
9次元空間であったと考えられている

インフレーション
6次元空間がコンパクトに丸められ，3次元空間のみが急激に膨張した

過去の宇宙
現在の宇宙よりも銀河どうしの間はせまかった

現在の宇宙
現在も3次元空間は膨張している

湯川秀樹にあこがれた南部

1921年、南部陽一郎、東京に生まれる

中学生のころ湯川秀樹が世界的に注目され、物理学に興味をもつ

東京帝国大学理学部を卒業。戦後は東京大学の研究所勤務となる

戦後の混乱で住む家が見つからず、研究室に寝泊まりしたという

朝永振一郎の研究グループと交流をもつようになり、素粒子研究に目覚める

1950年、29歳の若さで新設の大阪市立大学で教授に就任する

142

予言者

1952年 朝永のすすめで 南部は渡米する

超ひも理論の 原点となる ひも理論など

素粒子の分野で 精力的に論文を 発表

2008年、 ノーベル物理学賞 を受賞

1960年に 発表した研究が 評価された

常に時代を リードする 研究を行い

「物理学の予言者」や 「物理学の巨人」 などとも評価された

第4章

超ひも理論と
究極の理論

超ひも理論は，物理学の二大理論である相対性理論と量子論を統合する「究極の理論」として期待されています。宇宙のなりたちを解明するかもしれない，超ひも理論の可能性にせまります。

1 物理学者は、「究極の理論」を知りたい

自然界の四つの力

　私たちの住む地球，太陽系，そして広大な宇宙には，基本的な四つの力があるといいます。**四つの力とは，「重力」「電磁気力」「強い力」「弱い力」の4種類の力のことです。**自然界のさまざまな現象は，この四つの力で説明できてしまいます。

　「重力」は，質量をもつ物が相手を引きつける力です。「電磁気力」は，電気や磁気をもつ物が相手を引きつけたり遠ざけたりする力です。

　「強い力」は，原子核の中で，陽子と中性子がたがいに引きつけあう力です。「弱い力」は，中性子がひとりでに陽子に変わる反応などを引きおこす力です。たとえば，炭素14という原子の原子核は不安定で，中性子の一つがひとりでに陽

子にかわることがあります。この反応をおこすのが，弱い力です。

四つの力を，
たった一つの力として説明する

現代の物理学者たちは，これら四つの力すべてを，たった一つの力として説明することをめざしています。その完成は物理学者たちの究極の夢といえます。四つの力を統合した理論は，この世界のさまざまな現象を，統合的に，しかも簡単に理解できる「究極の理論」だといえます。

物理学者たちは，自然界の力のすべてを理論的に「統一」することを最大の目標の一つとしているのです。

1 四つの力

自然界のさまざまな現象は,「重力」「電磁気力」「強い力」「弱い力」の四つの力で引きおこされると考えられています。四つの力には,いずれもその力を伝える素粒子が存在すると考えられています。

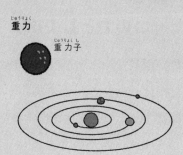

重力

重力子

質量をもつ物質どうしを引きつけあう力。重力を伝える素粒子「重力子(グラビトン)」は,いまだに発見されていません。

電磁気力

光子

原子

電気や磁気をもつ物質どうしにはたらく力。電磁気力を伝える素粒子は「光子(フォトン)」です。

強い力

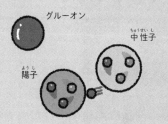

グルーオン

中性子

陽子

陽子や中性子を構成する基本的な素粒子，クォークどうしを結びつける力。この強い力を伝える素粒子は「グルーオン」とよばれます。

弱い力

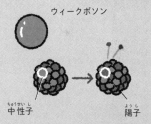

ウィークボソン

中性子

陽子

中性子を陽子に"変身"させる力（ベータ崩壊をおこす力）。この弱い力を伝える素粒子は「ウィークボソン」とよばれ，W粒子とZ粒子の二種類があります。

2 ▶ 重力は，究極の理論の完成を はばむやっかいもの

二大理論の統合が壁

　究極の理論の完成に向けた大きな課題は，重力にあります。「量子論」と「一般相対性理論」という二つの理論が統合できていないせいで，重力をうまくあつかうことができないのです。

　量子論とは，素粒子のような，ミクロな世界を支配する物理法則についての理論です。

一般相対性理論と量子論は
"守備範囲"がちがうクマ。

ミクロな世界での
重力が計算できない

一方，一般相対性理論は，重力についての理論です。おもに天体のような大きな（マクロな）スケールでの重力をあつかう理論です。そのため，一般相対性理論にもとづいて，ミクロな世界での重力を計算しようとすると，計算が破たんしてしまいます。

ミクロな世界では，量子論にもとづいて重力を考えなくてはならず，物理学者たちはこれに成功していません。量子論と一般相対性理論を統合したような理論が必要になるのです。

前のページで見た「究極の理論」とは，この量子論と一般相対性理論を統合した，新たな理論を意味します。その有力候補こそ，超ひも理論なのです。

2 二大理論の守備範囲

量子論は，ミクロな世界をあつかう理論です。一方，一般相対性理論は，主にマクロな世界をあつかう理論です。二つの理論を同時にあつかおうとすると，計算が破たんしてしまいます。

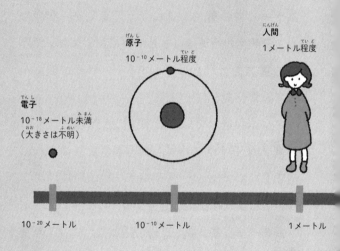

原子
10⁻¹⁰メートル程度

人間
1メートル程度

電子
10⁻¹⁸メートル未満
（大きさは不明）

10⁻²⁰メートル　　　　　10⁻¹⁰メートル　　　　　1メートル

量子論の"守備範囲"
主にミクロなサイズを対象とします。

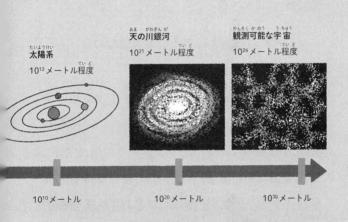

太陽系
10^{12}メートル程度

天の川銀河
10^{21}メートル程度

観測可能な宇宙
10^{26}メートル程度

10^{10}メートル　　　10^{20}メートル　　　10^{30}メートル

一般相対性理論の"守備範囲"
主にマクロなサイズを対象とします。

重力の正体は，空間のゆがみだった

質量をもつ物のまわりの空間は，曲がっている

　一般相対性理論とはどういう理論なのか，もう少しくわしくみてみましょう。

　一般相対性理論は，1915年にドイツの物理学者アルバート・アインシュタイン（1879～1955）が発表した，重力についての理論です。この理論では，質量をもつ物のまわりの空間はゆがんでおり，この「空間のゆがみ」が重力の正体であると考えます。ゆがんだ空間が，その中にある物に影響をおよぼして，移動させる（落下させる）というのです。

3 空間のゆがみが重力の正体

一般相対性理論では，重力の正体は空間のゆがみであると説明します。イラストのように，質量が大きいほど物体の周囲に生じる空間のゆがみが大きくなると考えます。

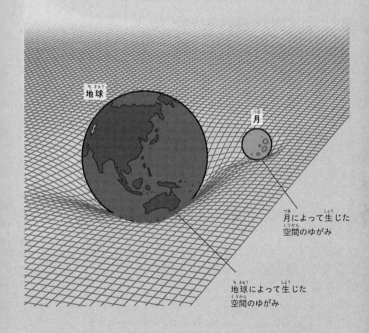

月によって生じた
空間のゆがみ

地球によって生じた
空間のゆがみ

重力に対する見方を大きくかえた

たとえば一般性相対理論によると，太陽のまわりを惑星が楕円運動するのは，太陽のまわりの空間が湾曲しているからだと考えます。地球も木星も，自分はまっすぐ進んでいるつもりだけれども，空間が曲がっているので曲がってしまうというのです。

一般性相対理論の空間が曲がるという考え方は，重力に対する見方を大きくかえました。

僕たちの体も，ほんのわずかだけど，周囲の時空をゆがませているんだって。

4　ミクロな世界では, すべてがゆらいでいる

電子や光子は, 波と粒子の性質をあわせもつ

　それでは次に, 量子論についてみていきましょう。

　量子論は電子などをあつかう, ミクロな世界の物理学です。量子論の基本原理の一つは, 「波と粒子の二面性」です。電子や光 (光子) などミクロなものは, 波の性質をもちつつ粒子の性質もあわせもつというもので, 実験的にも確かめられています。

あらゆるものが，ゆらいでいる

　量子論のもう一つの基本原理は，「状態の共存」とよばれます。これは，電子や光子などは，一つしかなくても，複数の状態（位置や運動量など）を同時に取ることができるという意味です。**ミクロな世界では，あらゆるものがゆらいでいるのです。**

　量子論で考えると，電子は原子核をまわっているのではなく，原子核を取り巻く電子の雲全体に一つの電子が存在している状態になります。また，ミクロな素粒子の世界では，素粒子の数さえゆらいでしまうため，素粒子の発生と消滅がつねにおきていると考えられています。

ミクロな世界では，あらゆるものが，ゆらいだ状態で存在しているんだクマ。

4 ゆらいだ世界

ミクロな世界ではあらゆるものがゆらいでいます。
素粒子の数さえゆらいでしまうため,素粒子の発生
と消滅がつねにおきているのだといいます。

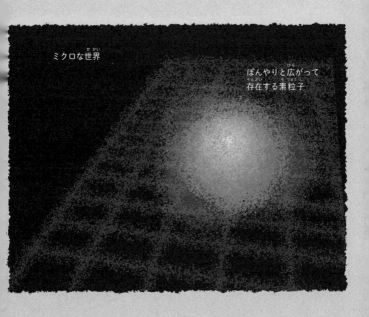

ミクロな世界

ぼんやりと広がって
存在する素粒子

電磁気力と弱い力は，まとめることに成功

　一般相対性理論と量子論という物理学の二大理論を統合する，究極の理論の有力候補こそ，超ひも理論です。

　これまで，究極の理論の研究は，数十年にわたって進められてきました。1967年には，電磁気力と弱い力をまとめて説明する「電弱統一理論（ワインバーグ・サラム理論）」が完成しました。この「電弱統一理論」と，強い力の理論（量子色力学）などから構成される理論のことを，「標準モデル（または標準理論，標準模型）」とよびます。標準モデルは，現在の素粒子物理学の基盤となっています。

5 四つの力の統一

宇宙誕生後，区別のなかった四つの力は，宇宙の
膨張とともに枝分かれしたと考えられています。四
つの力を統一する理論ができれば，宇宙のはじまり
にさかのぼれるかもしれません。

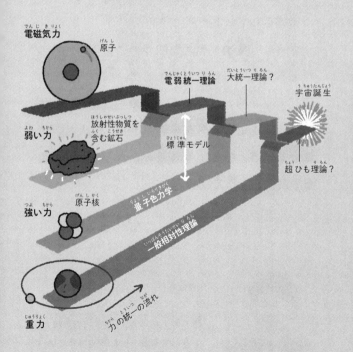

161

あらゆる現象の根本原理を説明できる

　1974年には，電磁気力と弱い力に加え，強い力も含めた統一理論（大統一理論）が提案されました。しかし大統一理論は，正しさがまだ実験的に実証されていません。

　さらに，重力を含めた四つの力を同時にあつかえる究極の理論の候補として，超ひも理論の研究が進められています。超ひも理論が完成すれば，ミクロな素粒子の世界から，広大な宇宙に至るまで，あらゆる現象の根本原理を説明できると期待されています。

四つの力のうち，「重力」だけは，どうしても統一的に説明できていないのです。

memo

納豆の糸の正体は？

　食卓でよく見るひも（糸）といえば，納豆の糸ですね。納豆の糸の正体は，何なのでしょうか。

　納豆は，煮た大豆に納豆菌をかけ，42 〜 45度で20時間ほど置くことでつくられます。その過程で納豆菌が大豆のタンパク質をアミノ酸に分解します。さらにアミノ酸の一種であるグルタミン酸を長く鎖状に連ねた"γ-ポリグルタミン酸"という物質をつくりだします。**このγ-ポリグルタミン酸と，糖の一種が混ざりあったものが，納豆の糸の正体です。**γ-ポリグルタミン酸は，折りたたまれたような構造をしているため，よくのびる性質があります。これが，納豆が糸を引く理由です。

　納豆が古くなると，γ-ポリグルタミン酸は分解されて，うま味成分のグルタミン酸がふえます。そ

のため，賞味期限ぎりぎりの納豆を好む人も多い
ようです。

誕生直後の宇宙は, 急激に膨張した

　超ひも理論は, 誕生直後の宇宙の謎にもせまることができると期待されています。

　宇宙は今から約138億年前に誕生したと考えられています。宇宙は点のように小さな状態からはじまり, 急激な膨張（インフレーションといいます）をしたあと, 膨張速度がゆるやかになり, 現在の大きさの宇宙になったと考えられています。

6 宇宙の歴史

約138億年前に誕生したといわれる宇宙の歴史を
えがきました。円の直径は,そのときの宇宙の大き
さを模式的に表現しています。宇宙は点のように小
さな状態からはじまり,急激に膨張したと考えら
れています。

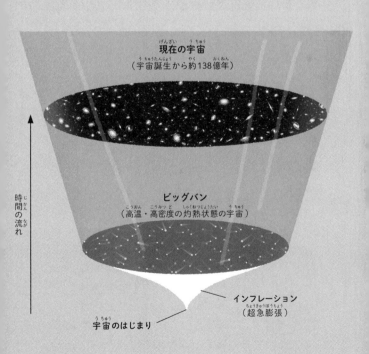

現在の宇宙
(宇宙誕生から約138億年)

ビッグバン
(高温・高密度の灼熱状態の宇宙)

時間の流れ

インフレーション
(超急膨張)

宇宙のはじまり

167

宇宙のはじまりには，ひもが高密度に存在していた

　それでは，誕生直後の宇宙は，どのようなようすだったのでしょうか。宇宙のはじまりは，せまい空間に素粒子（ひも）がぎゅうぎゅうにつめこまれ，高密度な状態で存在していたと考えられています。また，当時はきわめて高温だったと考えられています。

　初期の宇宙はこのような高温・高密度の灼熱状態でした。そして，空間が膨張するにつれて温度が冷えていき，恒星やその集団である銀河などの構造がつくられていったと考えられています。

　僕たちの宇宙が生まれる前には，"先代の宇宙"があって，それが時間とともに縮んでいき，最小サイズになったあと，膨張に転じて，僕たちの宇宙が誕生したという説もあるらしいよ。

7 超ひも理論で，宇宙のはじまりを計算できるかもしれない

宇宙誕生時の
ひものようすを計算できる

　宇宙誕生時，素粒子が高密度に存在する状態は，そこに重い（質量が大きい）物質があるのと同じですから，強い重力が生じます。現在のところ，ミクロな世界での重力を正しく計算できる可能性があるのが，超ひも理論です。

　宇宙誕生時は，素粒子が高密度に存在する，混沌とした状況だったと考えられています。宇宙誕生時に素粒子（ひも）がたがいにどんな影響をあたえ合っていたのかを，すべての種類の素粒子（ひも）について計算できるのは，超ひも理論だけなのです。

169

宇宙の終わりについても情報が得られる

宇宙のはじまりがわかれば，宇宙の終わりについても情報が得られると考えられています。

現在，宇宙は膨張しています。今後も宇宙は膨張をつづけるのか，それともいつの日か膨張が止まってちぢみはじめるのかはわかっていません。

宇宙のはじまりを知ることは，将来，仮に宇宙がちぢみはじめて，最終的に小さい点になったときの状況を知ることにもつながります。

宇宙が誕生した直後，物質をつくる素粒子（ひも）と，力を伝える素粒子（ひも）が高密度に存在していたと考えられているクマ。

7 ひもがひしめく初期の宇宙

宇宙が誕生した直後は，ひもがひしめきあっていたと考えられています。きわめて高温な状況下にあり，ひもは現在よりも長く，振動ははげしかった可能性があるといいます。

謎の物質「ダークマター」の正体を解き明かす

見えないけれども存在する, 謎の物質ダークマター

　宇宙には,「ダークマター(暗黒物質)」とよばれる, 私たちには見えない物質が満ちていると考えられています。

　宇宙を観測すると, そこに何かがあるようには見えないのに, 何らかの重力源(質量をもつ物質)が存在するとしか考えられない例が多数みつかっています。その見えないけれども周囲に重力をおよぼす謎の物質を, ダークマターとよんでいます。

8 ダークマター

見ることも，ふれることもできないけれど，周囲に
重力をおよぼすのがダークマターです。その正体
は，素粒子の一種ではないかと考えられています。

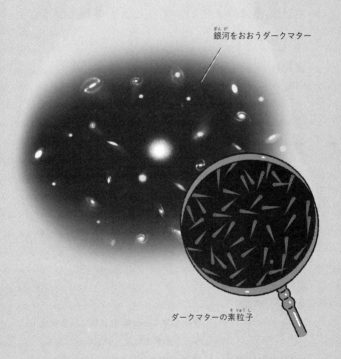

銀河をおおうダークマター

ダークマターの素粒子

ダークマターの正体は
未発見の素粒子？

　さまざまな天文観測の結果から，ダークマターが宇宙に広く存在することは確実であると多くの研究者は考えています。しかし直接・間接にかかわらず，ダークマターを検出することには，まだだれも成功していません。

　ダークマターの正体は，未発見の素粒子ではないかと考えられています。超ひも理論が完成すると，素粒子と重力の関係がくわしくわかるようになり，ダークマターの正体と思われる未発見の素粒子についても，その素性がわかる可能性があると考えられています。

　ダークマターは検出されていませんが，さまざまな天文観測の結果から，宇宙に広く存在することが確実といわれています。

memo

ひものは，なぜおいしい？

ひもといえば，ひも…の，「干物」でしょう。奈良時代にはすでに宮廷に献上されていたという記録が残るほど，干物は古くから食べられていました。水分が少なく塩分が高いため，干物は腐りづらく，冷蔵庫がない時代には保存食として重宝したようです。

代表的な干物のつくり方は，15 〜 18 ％の塩水に10分ほど魚をつけ，水洗いしてから一晩干して乾燥させる，というものです（一夜干し）。また，魚を灰の中に入れて乾燥させる「灰干し」という伝統的な方法もあります。

干物にすると，魚肉の中の水分が減り，アミノ酸などのうま味成分が凝縮されます。また，乾燥の過程で温度が上がることや塩の作用により，タンパ

176

ク質を分解する酵素が活性化し，魚のタンパク質が，アミノ酸へと分解されます。こうして，あの独特のうまみと食感が生まれるのです。

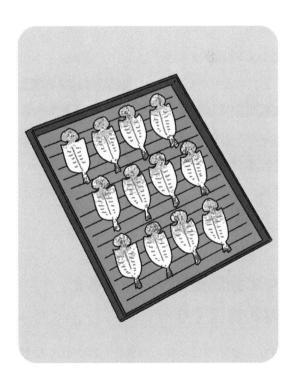

超ひも理論の正しさを
確認するには？

　超ひも理論がほんとうに正しい理論かどうか
は，まだわかっていません。自然界でおきるさま
ざまな現象や実験結果をうまく説明できて，将
来おきることも予言できれば，超ひも理論を「正
しい理論」だということができるでしょう。

　では，具体的にどうすれば，超ひも理論の正
しさを確認できるのでしょうか。

ひもの振動がはげしくなると，
段階的に重くなる

　超ひも理論では，ひもの振動がはげしくなる
と，そのひもに対応する素粒子のエネルギーが

9 超ひも理論が予言する素粒子

ひもの振動のはげしさと，素粒子の質量の関係を示しました。ひもの振動は段階的（とびとび）に激しくなります。そのため，素粒子の質量のふえかたも段階的になります。

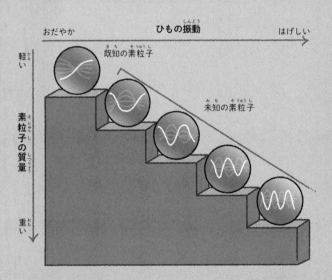

おだやか　　　　**ひもの振動**　　　　はげしい

既知の素粒子

未知の素粒子

素粒子の質量　軽い　重い

ひもの振動がはげしくなると，そのひもに対応する素粒子の質量が大きくなるんだね。

段階的にふえて，重くなります。そして，同じような性質を持ちながらも，質量が2倍，3倍の重い別の素粒子が存在することを，超ひも理論は予言しています。

超ひも理論が予言するそのような重い素粒子をみつけることができれば，理論の正しさを裏づける強力な証拠となります。

超ひも理論を直接検証できなくても，新しい粒子を発見することで，間接的に理論の正しさを検証することができるのです。

10 粒子をぶつけて，新たな素粒子をつくりだす！

衝突のエネルギーに応じてさまざまな粒子が生じる

　超ひも理論が予言する重い素粒子は，どのようにしてみつけることができるのでしょうか。

　一般に，新しい素粒子を発見するには，「加速器」という実験装置が使われます。加速器とは，小さな粒子を加速するための装置です。陽子などの粒子を光速近くまで加速して，正面衝突させると，衝突のエネルギーに応じてさまざまな新しい粒子が生じます。ただし重い粒子をみつけるには，それだけ大きなエネルギーが必要となります。

LHCの10兆倍のエネルギーが出せる加速器が必要?

　現在，世界最大のエネルギーで粒子を衝突させることができる加速器は，ヨーロッパ原子核研究機構（CERN）の「LHC」です。LHCはスイスとフランスの国境にまたがる巨大な加速器です。

　ところが超ひも理論が予言する素粒子の多くは非常に重く，発見するにはLHCの10兆倍ほどのエネルギーを出せる加速器が必要です。それらの重い粒子を加速器で発見するのは，あまり現実的ではありません。

　ただし，超ひも理論のモデルによっては，LHCや今後つくられるであろう次世代の加速器でも探索可能な，比較的軽い素粒子が存在する可能性もあります。それらの軽い素粒子であれば発見できるかもしれません。

10 粒子の衝突実験

「加速器」をつかった粒子の衝突実験のようすを模式的にえがきました。一般的に加速器の規模が大きいほど，粒子の衝突のエネルギーは大きくなります。

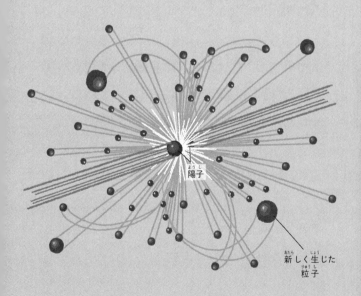

陽子

新しく生じた粒子

11 人工ブラックホールが，高次元空間の証拠になる

加速器でブラックホールを人工的につくれる？

　超ひも理論に関連して，興味深い予言がなされています。加速器「LHC」を使ってごく小さな「マイクロ・ブラックホール」を人工的につくることができるかもしれない，というのです。

　ブラックホールは天体がみずからの重力でつぶれ，超高密度になることで誕生します。LHCで光速近くまで加速した陽子どうしを衝突させると，衝突地点は膨大な質量が集中した超高密度状態と同じとみなせます。

11 ブラックホールの生成

LHCの管の中でほぼ光速まで加速された陽子どうしが正面衝突すると，マイクロ・ブラックホールが形成される可能性があると指摘されています。

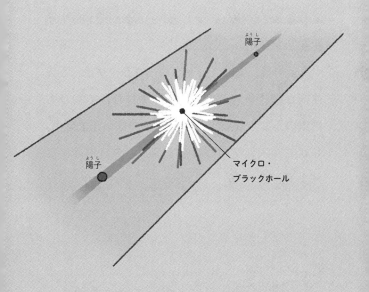

陽子

陽子

マイクロ・ブラックホール

従来の理論では
ブラックホールは形成できない

　従来の理論で計算すると，LHC でもブラック
ホールができるほどの高密度状態はつくれませ
ん。しかし，超ひも理論から派生したブレーン
ワールド仮説が正しければ，重力が従来の予測
よりも強くなり，ブラックホールが形成されやす
くなります。

　もし今後，実験でマイクロ・ブラックホールの
生成が確認されたとしても，それだけで超ひも
理論の正しさが証明されたとまではいえません。
しかし高次元空間が実在することの証拠にはな
ります。

マイクロ・ブラックホールは，
できてもすぐに"蒸発"してし
まうと考えられているクマ。

12 誕生直後の宇宙は，さらさらの流体に満たされていた

宇宙を満たしていた「クォーク・グルーオン・プラズマ」

宇宙誕生直後には，「クォーク」や「グルーオン」という素粒子が，小さな宇宙の中で飛び交っていたと考えられています。これを「クォーク・グルーオン・プラズマ」といいます。

その性質の解明は，宇宙のなりたちを解明するうえで非常に重要です。しかし，従来の素粒子物理学の方法にもとづいて，クォーク・グルーオン・プラズマの性質を計算するのは，複雑で非常に困難なことが知られています。

超ひも理論の計算手法が実験結果と一致

そこで登場するのが，超ひも理論です。超ひも理論から生まれた計算手法を応用して，クォーク・グルーオン・プラズマの粘性（粘り気の度合い）の計算が行われました。すると，この計算結果が，アメリカのブルックヘブン国立研究所の加速器「RHIC」で行われた，誕生直後の宇宙を再現する実験（右のイラスト）の結果とよく一致しました。その結果，クォーク・グルーオン・プラズマは，粘り気がきわめて小さい，"さらさらの流体"であることがわかりました。

RHICの実験結果は，超ひも理論の正しさを裏付けたわけではありませんが，超ひも理論から派生して生まれた計算手法の有効性を示したものだといえます。

12 加速器RHICの実験

金の原子核を加速して，衝突させる実験が行われました。
原子核を構成する陽子や中性子は，クォークやグルーオンといった素粒子でできています。原子核どうしを衝突させると，原子核が一瞬とけたような状態になり，クォークとグルーオンがバラバラになった「クォーク・グルーオン・プラズマ」ができます。

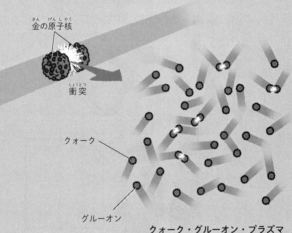

金の原子核

衝突

クォーク

グルーオン

クォーク・グルーオン・プラズマ

超ひも理論から生まれた計算手法は，このほかにも，物性物理学や流体力学などの異分野に応用されはじめているんです。

超ひも理論の父，シュワルツ

ジョン・シュワルツは1941年アメリカ生まれの物理学者

カリフォルニア工科大学の教授をつとめる

超ひも理論の研究者が少ない時代にも、精力的に研究に取り組んだ

1984年、イギリスの物理学者マイケル・グリーンとともに、超ひも理論の問題を解決する論文を発表

超ひも理論

第1次超ひも理論革命をもたらし、その後のブームのきっかけとなった

M理論を提唱したウィッテン

エドワード・ウィッテンは1951年アメリカ生まれの物理学者

プリンストン高等研究所の教授をつとめる

第1次超ひも理論革命につながる、超ひも理論の問題を指摘

1995年に「M理論」を発表。五つの超ひも理論を統合する理論で、第2次超ひも理論革命をもたらした

M理論
タイプI
タイプIIA
タイプIIB
ヘテロティックE8×E8
ヘテロティックSO(32)

ウィッテンの超ひも理論の研究は数学の発展にも貢献し

1990年には数学のノーベル賞といわれるフィールズ賞を受賞

memo

さくいん

ニュートン超図解新書
最強に面白い
人体
取扱説明書編

2024年4月発売予定　新書判・200ページ　990円（税込）

　スマートフォンの普及やリモートワークなど，私たちの生活環境は大きく変化してきました。私たちは常に，新しい生活環境に合わせて，体を調節する必要があります。

　新しい環境のなかで，健康を維持し，体のパフォーマンスを最大限に発揮するには，人体の構造と正しい使い方を知っておくことがたいせつです。まちがった使い方は，体の不調をまねいてしまいます。たとえば，スマートフォンを見るときの独特の姿勢は，ひどい肩こりを引きおこします。

　本書は，2021年10月に発売された，ニュートン式 超図解 最強に面白い!!『人体 取扱説明書編』の新書版です。人体を家電製品などの道具にみたて，体の構造や正しい体の使い方などについて，“最強に”面白く紹介します。どうぞ，ご期待ください!

余分な知識満載だタコ!

主な内容

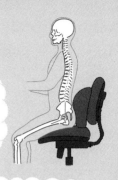

骨と筋肉，肌の取扱説明書

スマホのやりすぎで，僧帽筋が悲鳴
ひざを下げる座り方で，腰の負担を減らそう！

鼻と肺，血管と心臓の取扱説明書

鼻は空気をきれいにし，温度と湿度もととのえる
高血圧症は，サイレントキラー

目と耳の取扱説明書

またスマホ！　焦点が合いにくくなる
涙不足や涙の蒸発が，目を傷つける

胃腸，肝臓，腎臓の取扱説明書

腎臓は，1日に約1500リットルの血液をろ過
BMIに注意。やはり肥満は万病のもと

脳と神経の取扱説明書

交感神経は戦闘モード，副交感神経は休息モード
頭痛には，三つの代表的な種類がある

Staff

Editorial Management	中村真哉
Editorial Staff	道地恵介
Cover Design	岩本陽一
Design Format	村岡志津加（Studio Zucca）

Illustration

表紙カバー	羽田野乃花さんのイラストを元に佐藤蘭名が作成	98 〜 113	Newton Press
		115	Andrew J. Hanson, Indiana University and Jeff Bryant, Wolfram Research, Inc., Newton Press
表紙	羽田野乃花さんのイラストを元に佐藤蘭名が作成		
		119	羽田野乃花
11	羽田野乃花	121 〜 141	Newton Press
15	Newton Press, 羽田野乃花	142 〜 143	羽田野乃花
19 〜 21	Newton Press	148 〜 155	Newton Press
25	Newton Press, 羽田野乃花	159	Newton Press, 羽田野乃花
27 〜 31	Newton Press	161	Newton Press, 羽田野乃花
33	羽田野乃花	165	羽田野乃花
38 〜 49	Newton Press	167	Newton Press
51	羽田野乃花	171 〜 173	Newton Press, 羽田野乃花
53	Newton Press	177	羽田野乃花
57	羽田野乃花	179	Newton Press, 羽田野乃花
60 〜 67	Newton Press, 羽田野乃花	183	Newton Press
71	羽田野乃花	185 〜 189	Newton Press, 羽田野乃花
73 〜 83	Newton Press, 羽田野乃花	190 〜 191	羽田野乃花
90 〜 91	Newton Press		
92 〜 93	羽田野乃花		

監修（敬称略）：
橋本幸士（大阪大学大学院理学研究科物理学専攻教授）

本書は主に，Newton別冊『超ひも理論と宇宙のすべてを支配する数式』の一部記事を抜粋し，大幅に加筆・再編集したものです。

ニュートン超図解新書
最強に面白い　超ひも理論

2024年4月15日発行

発行人	髙森康雄
編集人	中村真哉
発行所	株式会社 ニュートンプレス　〒112-0012 東京都文京区大塚3-11-6
	https://www.newtonpress.co.jp/
	電話 03-5940-2451

© Newton Press 2024
ISBN978-4-315-52798-8